食品知識ミニブックスシリーズ

〈改訂版〉

砂糖入門

斎藤祥治・内田　豊・佐野寿和 共著

日本食糧新聞社
Nissyoku

「砂糖入門」執筆にあたり

砂糖は、紀元前からの長い歴史をもち、今日でも菓子や飲料をはじめ、さまざまな食品に使用されております。しかしながら、あまりにも身近であるがゆえに、消費者の方々が砂糖について学んだり考えたりする機会はあまりなく、それゆえに知られていないことや誤解が多いように思います。

最近では「無糖」、「シュガーレス」、「糖類ゼロ」などとうたい、砂糖を使用していない製品が数多く見受けられます。その背景には、ダイエットやいわゆる〈メタボ〉への関心からくる低カロリー志向の急速な高まりがあり、そのなかで砂糖は「カロリーが高く避けるべきもの」と位置づけられてしまっているようです。

しかし、これも砂糖についての誤解のひとつといえます。砂糖のカロリー（エネルギー）は、ほかの糖質食品と大きな違いはありません。もちろん、どんな食品でも過剰摂取は良くありませんが、少なくとも「砂糖は高カロリー」という認識は正しくありません。私どももあらゆる機会をとらえて砂糖の正しい知識について理解を得るように努めておりますが、なかなか浸透しないのが実態であります。

そんな折、本書執筆のご依頼を頂戴しました。私どもとしましては、消費者と向き合い、実際に製品を提供されておられる食品業界に携わっておられる方、あるいはこれから目指そうと考えておられる方に「砂糖とはどんなものか」について、本書を通じて改めてご確認していただき、ご理解を深めていただくことを切に願うものであります。

昨今、さまざまな甘味料が開発されておりますが、その甘味の質については砂糖がもっとも優れているという評価に変わりはありません。また、砂糖は「甘味をつける」だけでなく、調理の場で、また食品加工の場で、ほかの甘味料にはないさまざまな特性を発揮しております。

「甘さ」は、人がこの世に生まれて初めて口にする味です。このことが甘さに安らぎを感じるゆえんともいわれます。何より、「甘さ」は家族や友人、恋人などとの団らんや安らぎの象徴であり、円滑なコミュニケーションにも大きな役割を果たしています。

さらに、ストレス社会といわれる今日、砂糖は脳のエネルギー源であるブドウ糖の身近な供給源です。そして、人間が食している米、麦、砂糖などの糖質（炭水化物）は、もともと植物が自らの成長のために光合成によりつくりだしたものであり、「糖」は自然の恵みであると同時に命の根源であるといえます。

本編では、砂糖の歴史・原料・製造方法といった基礎知識から、国内外の砂糖需給や調理特性、砂糖を取り巻く法律や制度、さらには砂糖摂取と健康にいたるまで幅広く解説しております。本書により一人でも多くの方が砂糖について正しくご理解いただき、皆様の日々の業務や研究活動の一助となれば幸いであります。

最後になりましたが、今回このような機会を与えていただきました日本食糧新聞社様にこの場を借りて改めて御礼申し上げる次第です。

平成28年6月
筆者

目　次

第1章 砂糖の歴史

1 砂糖の起源と世界への伝播

(1) 砂糖の起源

砂糖の原料である甘蔗（さとうきび）の起源は南太平洋のニューギニア周辺といわれているが、世界への伝播の拠点となったのはインドとされている。これは、砂糖の英語名「SUGAR」の語源が、古代インドの言語であるサンスクリット語の「SARKARA（サルカラ）」とされていること、歴史上、砂糖に関する最初の記述が紀元前5世紀頃のインドの仏典とみられることが根拠となっている。

その後、紀元前327年頃、当時のマケドニア国の国王であったアレキサンダー大王がインドに遠征したときの記録に「インドには蜂蜜のように甘い汁のとれる葦《あし》が生えている」、「噛むと砕ける甘い石がある」と記されている。おそらく前者は甘蔗、後者は砂糖であったと推察される。

このように、インドの甘蔗や砂糖は、西はペルシャ（現在のイラン）やエジプトに、東は中国へと伝えられた。8～9世紀頃には、エジプトで砂糖の精製が始まったとの記述もある。

(2) 砂糖の伝播

① ヨーロッパへの伝播

ヨーロッパ地域への砂糖の伝播は、11世紀から13世紀にかけて、キリスト教の聖地エルサレムをイスラム教徒から奪還するために送られた軍隊

「十字軍」が、その帰路にコーヒーなどとともに甘蔗を持ち帰ったのが始まりとされている（図表1―1）。その後、甘蔗は気候の温暖な地中海沿岸で栽培され、砂糖も普及していったと考えられる。当時、砂糖は薬を扱う店で売られていたことから、貴重な存在であったことがうかがわれる。

その後、コロンブスによるアメリカ大陸への砂糖移植から始まった大規模な砂糖プランテーションの発展により、ヨーロッパでは少しずつ砂糖が身近な食品として認知されるようになった（図表1―2、図表1―3）。

② 東方への伝播

東方への砂糖の伝播を示す記述が現れるのは13世紀、中国を訪れたイタリアの商人、マルコ・ポーロが著した『東方見聞録』である。中国では、5世紀頃には砂糖がつくられていたといわれるが、東方見聞録には「精製した砂糖」がつくられていたとの記述があり、マルコ・ポーロは驚嘆したとのことである。当時、もっとも進んでいたアラビア文化を積極的に取り入れていた中国・元国皇帝のフビライ・ハンは、アラビア人から草木の灰を使用した砂糖精製の技術を学び、成果をあげたとされている。

その後、16世紀以降、アメリカ大陸へ砂糖が伝播される（次項参照）のと並行して、東アジアではオランダが17世紀に入ると、台湾とジャワ島において砂糖産業に着手し、その後、フィリピン、オーストラリア、フィジー、ハワイ島へと拡がっていった。

③ アメリカ大陸への伝播

アメリカ大陸への砂糖の伝播は15世紀末、イタリアの航海者コロンブスによるとされている。

馬が引く荷車に甘蔗が積まれている。

図表1－1
十字軍とその帰国を迎える人々

町の市場を描いたもので、カウンター上の白い棒状のものが砂糖である。

図表1－2 15世紀フランスの写本の装飾画（右）

甘蔗を刻んだり煮詰めたりする様子が描かれている。
右下の大砲状のものが、できた砂糖である。

図表1－3 16世紀後半シチリア島の砂糖作りの様子

1492年、アメリカ大陸を発見したコロンブスは翌年再び航海に出るが、その際、自国から甘蔗を持ち出し、地中海沿岸と気候の似通った西インド諸島の一つであるイスパニオラ島に移植した。その後、ヨーロッパの国々は競うように新大陸に渡って甘蔗栽培に取り組み、その後の北米南部、中南米地域での大規模な砂糖プランテーションへとつながっていくのであるが、そこには植民地政策という歴史がある。

スペインをはじめ、イギリス、フランス、ポルトガル、オランダなどのヨーロッパ各国は相次いで南北アメリカ大陸に赴いて植民地化し、現地住民を強制労働の形で駆り出し、金・銀の採掘や甘蔗栽培、製糖作業など過酷な労働を強いたのである。さらに、労働酷使や病死により現地住民が減少した後は、アフリカ大陸の原住民を動員してこのような労働を続けさせたのである。

当時は、本国を出た船がアフリカ大陸に立ち寄って労働力となる住民を乗せ、現地で砂糖やほかの産品と交換するという大陸横断の貿易（三角貿易という）が行われており、この仕組みが資本主義経済の発展の一役を担っていた。

砂糖プランテーションはブラジル、ジャマイカ、プエルトリコなど中南米地域に広まっていった（図表1―4）。米国にも19世紀前半からルイジアナ地域を中心に製糖所が建設されたが、南北戦争による奴隷解放により大きな打撃を受けた。そして、それに取って代わり、後に大産糖国となったのがキューバである。

④ てん菜からの砂糖生産

砂糖のもう一つの主原料、てん菜からの製糖技術が確立したのは18世紀である。

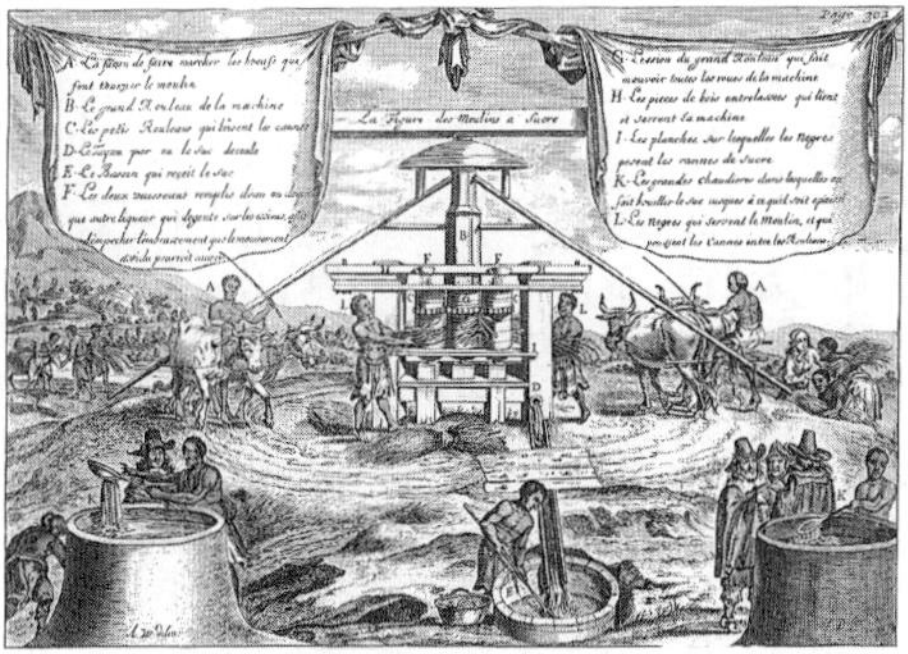

牛を使って甘蔗を絞っている様子がうかがえる。

図表１－４
17世紀ジャマイカの砂糖作りの様子

てん菜は従来から飼料として利用されていたが、１７４７年、ドイツの科学者マルクグラーフがてん菜からの砂糖抽出に成功した。その後、その弟子であるアハルドによって製糖法が実用化され、１８０１年、ドイツにてん菜糖工場が設立された。

19世紀初頭、ヨーロッパはフランス皇帝ナポレオンの時代であったが、彼は最後の敵国であり産業革命を進めていたイギリスを窮地に追い込むため、１８０６年、他のヨーロッパ諸国にイギリスとの貿易禁止令を発した（大陸封鎖）。イギリスは砂糖貿易を大々的に行い、他国へ輸出していたため、この禁止令によりヨーロッパ全土で砂糖供給不足となり価格が暴騰したことから、各国は新技術であるてん菜糖に注目し、ナポレオンも生産を奨励したことから、てん菜糖業が急速に発展したのである。

⑤ 20世紀から現在へ

20世紀を迎え、サトウキビ、てん菜の二大原料からの砂糖生産は増加を続け、１９００年代初めには、サトウキビからの製糖量は全世界で１０００万ｔを、てん菜からの製糖量も８００万ｔを超えた。その後、２度にわたる世界大戦や世界恐慌などで一時的に減産となる時期もあったが、第二次世界大戦後はさらに大幅な増産が続き、2014（平成26）年の世界の砂糖生産量は1億7000万tを超えている。

現在の世界の二大砂糖生産国は、ブラジルとインドである。以下、EU、オーストラリア、中国、タイなどが続くが、EUは砂糖政策の転換により生産が減少している。また、過去に大生産国であったキューバは、ソ連や東欧の社会主義諸国の崩壊により特恵貿易がなくなったことで経済状況が悪化し、大幅な減産となっている。さらに、かつてわが国の砂糖生産の拠点であった台湾も、産業構造の変化により現在では純輸入国に転換している。

一方、21世紀に入り、地球温暖化に対する環境対策が世界的に推進されるなかで、エネルギー転換の取組みとして、甘蔗を原料とするバイオ燃料が注目されている。砂糖の最大生産国であるブラジルは甘蔗の大生産国であることから、バイオ産業が急速に発展し、本来、砂糖原料である甘蔗の一部がバイオエタノールの生産原料に充てられ、供給構造に大きな影響を及ぼしている。また、ブラジルの甘蔗生産量およびバイオエタノール生産への甘蔗仕向量の動向は、砂糖の国際需給の大きな変動要因になっている。

また、開発途上国の砂糖需要が経済成長により増加することも考えられ、そうなれば世界の甘蔗ならびに砂糖の生産状況によっては、需給のひっ迫や国際相場の大きな変動要因になり得ると考えられる。

2 日本への砂糖伝播と歴史

(1) 日本への砂糖伝来

わが国へ砂糖が伝わったのは8世紀、奈良時代とされている。唐招提寺の創始者である鑑真が中国から持ち込んだとの説や、遣唐使が持ち帰ったとの説があるが、いずれにせよ、大陸との交流の中で伝わったことはまず間違いない。現在、正倉院に保存される奈良の大仏に献上された薬の目録である『種々薬帖』には、砂糖を表す「蔗糖」という記述があり、わが国でも、当時の砂糖が貴重品で薬として取り扱われていたことがうかがえる(図表1―5)。

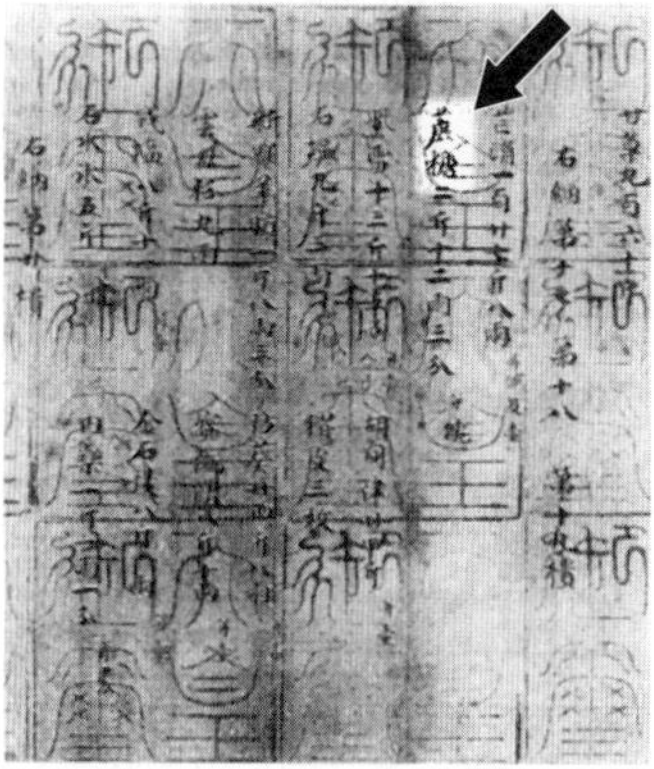

右上に砂糖を示す「蔗糖」の文字がみえる。

図表1－5
『種々薬帖』(正倉院所蔵)

(2) 平安、鎌倉～室町、戦国時代

平安から鎌倉時代初めにかけても、中国大陸との交流の中で幾ばくかの砂糖は持ち込まれたようだが、当時の貴族の随筆や寺院の記録にわずかにみられる程度であったことを考えれば、その量はごく少量で、かつごく一部の上層階級のみ知るところであったと思われる。一般的には蜂蜜、甘づ

ら、果実などが甘味料として利用されていた。

その後、鎌倉時代の終わりから室町時代になると、中国大陸との貿易が徐々に増えていった。室町幕府3代将軍足利義満の時代には、中国明朝との貿易が盛んになり、この頃になると高級貴族や富裕層の間では砂糖が調味料として使われていたとされる。また、この時期から流行し始めた「茶の湯」に使う菓子として、当時の史料に「砂糖饅頭《まんじゅう》」、「砂糖羊羹《ようかん》」の記述が残されており、8代将軍足利義政が禅僧のもてなしに羊羹を振る舞ったとの記述もある。さらに、当時の生活を描いた絵巻物『七十一番職人歌合』には、砂糖饅頭が市で売られている様子が描かれている。15世紀の半ば以降になると、まだまだ貴重品であったとはいえ、砂糖が少しずつ一般市民に近づいてきたことがうかがえる。

一方、1543年、ポルトガル人の種子島来航とその後の南蛮貿易開始は、砂糖の伝播に大きな影響を及ぼした。当時のキリスト教関係の史料には、カステラ・ボーロ・コンペイトウ・ビスケットなど現在も流通している菓子の名称が記されている。戦国武将織田信長は、宣教師ルイス・フロイスからコンペイトウを贈られたとされている。

(3) 江戸時代初期

江戸時代に入り、鎖国体制となったことは、砂糖の流通体制に大きな影響を与えた。

初代将軍徳川家康は、諸外国との親善関係を築くべく貿易に力を入れ、オランダとイギリスに対し平戸に商館を設けることを許可し、東南アジア諸国とも国交を開いた。一方で、諸外国との通商が進むとともにキリスト教の布教が進んだが、幕府は通商奨励のために当初は特段の策は採らなかった。

しかし、一部のヨーロッパ諸国に領土拡大の考えが懸念されたこと、また、キリスト教の教義が封建支配と相反する考えであったことから、キリスト教に嫌悪感を示した幕府は1612年、キリスト教を禁止する命令を発し、徐々に外国船の来航を禁止する政策を打ち出した。

そして、1637年に起こったキリスト教徒による島原の乱を契機に、オランダ・中国以外との貿易を禁じる鎖国体制となり、輸入される砂糖は、貿易の拠点として長崎に造られた出島から「出島砂糖」とよばれることとなった。

(4) 江戸時代中・後期

砂糖を輸入する際、国内からは銀や銅などの鉱産物が輸出されていたが、砂糖が高価であったこともあって相当な量となり、17世紀の終わりになると、これらが枯渇し始めた。そこで幕府は、省資源のために国内での砂糖生産を考え始めた。

日本で砂糖がつくられたのは、当時の薩摩国大島郡（現在の奄美大島）の人物が中国で甘蔗栽培と黒砂糖の製法を学び、17世紀初めに帰国して黒砂糖の製造に成功したのが最初といわれている。その後、琉球（今の沖縄県）でも黒砂糖の製造が始まった。17世紀後半になると、これらの地域での砂糖生産が本格化し、当時の大名も砂糖を戦略物資の一つとして重視するようになった。

18世紀に入ると、幕府も砂糖生産を奨励し、8代将軍徳川吉宗は、薩摩藩の家臣に教えを受け、江戸城内で甘蔗栽培に取り組んだとされる。また、砂糖が大きな利益を生むことを知った西日本の各藩は、競って砂糖の生産に乗り出した。現在珍重されている和三盆糖の生産も、当時の阿波国（現在の徳島県）・讃岐国（現在の香川県）で始まったものと考えられる。

そして、江戸後期には、当時の商業の中心大坂（大阪）では、砂糖問屋が数多くみられるようになり、全国に送られることとなった。この頃になると、一般市民の間にも「駄菓子」などを通じて少しずつ砂糖が口にされるようになっていった。

⑸ 明治～昭和初期

明治に入り鎖国政策が終わると、海外の安価な砂糖が大量に輸入された。このため、奄美・琉球の黒砂糖を除き、国産の砂糖は一時大きな打撃を受けたが、この苦境を救ったのが日清戦争での勝利であった。

日清戦争により台湾を領有した日本は、１９０１（明治34）年、総督府に就任した新渡戸稲造の意見書をもとに、製糖業を甘蔗栽培の盛んな台湾経済の基盤とする方針を据え、これにともない、近代的設備を備えた大規模な製糖工場が台湾に続々と建設された。

そして、大正時代になると、製糖技術の向上や甘蔗の作付面積の増大により砂糖生産は大幅に増加し、昭和初期には年間生産量が１００万ｔを超え、国内需要をほぼまかなえるほどになった。

一方、てん菜糖については、明治時代初め、当時の内務大臣・松方正義がヨーロッパ視察の際にその製法を知り、北海道で製造を試みたのが日本での始まりであった。しかし、てん菜の凶作や経営の失敗などが重なり、定着するまでには長い時間を要した。昭和に入ってようやく生産量が４万ｔ台にまで達した。

(6) 第二次世界大戦による糖業崩壊

前述の通り、昭和10年代には砂糖産業は自給をまかなえるくらいに発展した。しかし、日中戦争から第二次世界大戦へと、世の中が戦時体制下となり、台湾からの砂糖輸送が困難となるなか、1940(昭和15)年、砂糖は配給制となった。このために、1939年には年間17kgに迫るところまで増加した1人当たり消費量は、1944年には2・9kg、終戦年の翌45年にはわずか0・6kgにまで落ち込んだ。

そして、敗戦により台湾を失い、わが国の砂糖産業はほぼ壊滅状態となり、国内の砂糖備蓄も底をついた。数年後にはキューバ糖の配給が再開されたが、今でいう原料糖に近い品質の悪いものであり、量もごくわずかであったことから、ズルチンやサッカリンといった人工甘味料が代替品として使用された。そのため、1947年の1人当たり砂糖消費量が年間0・36kgだったのに対し、人工甘味料はそれを大きく上回る2・9kgになるという現象が起きた。

(7) 戦後糖業の復興から現在

戦後、砂糖産業が本格的に復興するのは砂糖の配給制が終了した1952(昭和27)年以降である。精糖各社は、外貨割当制が採られるなか、原料糖輸入のための外貨確保のため、競って設備投資を行った。一方、政府も国内産糖に対するさまざまな保護育成政策を採ったこともあり、結果として砂糖産業は急速な復興を果たすことになる。1950年に40万tであった日本全体の砂糖需要は、1953年には100万tを超えた。そのため、品不足による価格の高止まりも続いたことから、昭和30年代前半には、砂糖はセメント・硫黄とともに、当時の「三白景気」の一つの象徴として数えられる程になった。

しかし、1963年に原料糖輸入が自由化されて以降は、国際相場の影響を強く受けることで精糖会社の経営が不安定となり、国内産糖に対する政府の保護育成政策にも支障をきたす事態になった。

そこで、政府は1965年、「砂糖の価格安定に関する法律」（糖価安定法）を制定し、輸入原料糖の価格を調整することで砂糖の安定価格による安定供給を図る政策を採った。この政策の基本は現在も続いている。

わが国の砂糖需要は、昭和40年代後半まで増大が続き、1973（昭和48）年には年間約320万tに達した。しかし、その後、でん粉を原料とし、砂糖より安価な「異性化糖」の出現や、海外で砂糖とほかの原材料を調合することで安価な関税で輸入できる「加糖調製品」の輸入量が増加していることにより、砂糖本来の需要は減少傾向にある。

さらに、自由貿易や経済連携が積極的に推し進められていく世界的な潮流のなか、2015年にはTPP（環太平洋パートナーシップ協定）が大筋合意に達した。砂糖については関税撤廃による影響が懸念されていたが、砂糖は食生活にとって重要な食品であり、かつ北海道や鹿児島・沖縄といった原料生産地域にとって、砂糖産業は重要な基幹産業であるとして、主たる砂糖製品の関税は維持され、政府も「現行の砂糖政策は維持する」ことを明らかにしたが、今後の政策が注目される。

第２章　砂糖の原料と製造

１　砂糖の原料となる植物

蔗糖はほとんどの植物に含まれているが、蔗糖を砂糖として取り出すことのできる植物は限られている。その限られたなかで、代表的な植物が甘蔗とてん菜である。これ以外にも砂糖の生産量は少ないが、カエデ科やヤシ科のなかにも砂糖を取り出すことのできる植物がある。また、甘蔗と同じイネ科に属するスイートソルガムなどもこれに当たる。

(1) 甘蔗

イネ科の多年草植物で一般にサトウキビともよばれ、キューバ、インド、ブラジル、タイ、豪州、南アフリカ連邦などの熱帯・亜熱帯地域、日本の沖縄や鹿児島県島嶼部で栽培されている。日本では、収穫時に草丈が３～６ｍ、茎が根もとで３～５cmの太さとなる。茎には10～20cmおきに節があり、節から長さ１ｍ以上の葉がつく。秋になると長さが50cmにもなる穂がつくものもある（写真２―１）。甘蔗は秋に完熟するので、秋から冬季の間に収穫しながら工場で処理し、砂糖を製造する。蔗糖のほとんどは茎に含まれており、完熟した茎から得た搾汁には蔗糖が固形分当たり70～88％、蔗糖以外にブドウ糖、果糖、有機酸、塩類、たん白質なども含まれている。世界の砂糖の約７割が砂糖の原料植物としてもっとも重要な甘蔗から作られている。

２００８／０９年収穫期の甘蔗生産量は、主要な産糖国で反収でみると、国により大きな違いがある。生育期間が14～18カ月の豪州では88.7t/ha、20～24カ月の南アフリカ連邦は64t/ha、12～13カ月のタイは55.5t/ha、日本は48.7t/haである。甘蔗当たりの産糖量はほとんどの産糖国で100～143kg/tである。

(2) てん菜

ヒユ科フダンソウ属の二年草植物で冷涼な地を好み、北緯47～54度の亜寒帯から寒帯の地域、EU諸国、ロシア、北アメリカ、北海道で栽培されている。てん菜はサトウダイコンやビート(写真2―2)ともよばれており、春に播種・

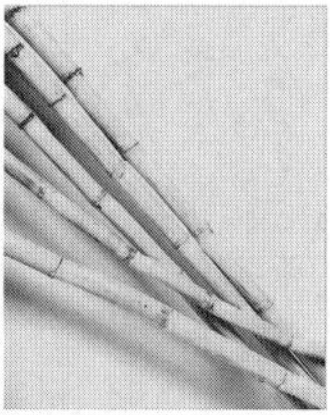

写真２－１
甘蔗

写真２－２　てん菜

発芽させると8月には葉数が30枚程度、葉長が約40㎝となり、秋の収穫時には主根が約1・5ｍにもなる。主根の一部である貯蔵根は直径が7～12㎝、長さが15～20㎝、重さは600～1200ｇにもなる。蔗糖は秋の昼夜の寒暖差を利用して合成され、貯蔵根に16～20％ほど蓄える。

北海道でのてん菜の栽培は雪解け前に温室などで種子を発芽させて、春、雪解け直後の畑に苗を移植する。苗は夏を越える間に成長し、秋になると貯蔵根に蔗糖が蓄積するので積雪前の晩秋に収穫し、凍結を防ぐ方法で貯蔵する。この貯蔵したてん菜を工場で処理し、砂糖を製造する。

世界の主要産糖国の2008／09年収穫期のてん菜生産量は、反収でみるとベルギーのように72.7t/haの収量がある国から25.2t/haのウクライナまで、国により大きな違いがある。また、てん菜（t）当たりの産糖量もフランスのように187kg/tの国から115kg/tのロシアまで、国により大きな違いがある。

(3) カエデ科植物

① 砂糖カエデ

アメリカ北東部からカナダにかけて森林を形成するカエデ科の落葉樹の巨木で、樹高40ｍ、葉の大きさ9～15㎝にもなり、カナダなどの国では街路樹や庭園にも植えられている。春には新葉となると同時に枝に雌雄異花の黄色の花を付ける。秋には実をつけ、葉が黄色に変わり、晩秋・初冬にかけて落葉する。カナダでは砂糖カエデが葉を出す3月頃、幹のなかを蔗糖が2～5％含む液が流れ始めるので、幹に直径3㎝、深さ7・6㎝ほどの穴を数カ所あけて管を挿入して樹液を集める。樹液は

1カ月間程度採取が可能で、その間1カ所の採取孔より19~57ℓの樹液を得る。この樹液をシュガーハウスに運び、蒸発缶で65・5Bx（重量／重量%：mm%）まで濃縮する。濃縮の間に香気の生成と着色がある。この段階でろ過すると液状のメープルシロップとなり、さらに115度まで加熱・濃縮し、その後、46度まで徐々に冷却しながら撹拌して結晶を生じさせて型に入れ、室温まで冷やすとメープルキャンデーとなる。また、ペースト状のメープルバターあるいはメープルクリームは良質な糖液を加工して製造する（図表2―1参照）。

② イタヤカエデ

ツタモミジあるいはトキワカエデともよばれ、サハリン、日本、朝鮮半島、中国に自生する落葉樹で樹高18m、直径1mにも達する巨木である。緑色の葉は秋になると黄色に変わり、晩秋・初冬にかけて落葉する。冬の間に蔗糖1・3~1・8%を含有する樹液を集める。現在のところ、商業化はされていない。

(4) ヤシ科植物

① 砂糖ヤシ

東インド、マレーシア、インドネシアに自生し、幹は単一で直立し、葉鞘の黒毛繊維で覆われ、高さが7~20m、直径が30cmに達する。一生に一度、単性花または雌雄花を同一花序に着生し、結実した後、枯死する。蔗糖を含む汁液を枯死する前に花序から採取する。汁液の採取には未熟の花序の柄を毎日2週間ほど叩き続けて刺激を与えて汁液の流れを刺激し、ついで開花直後に花序の柄の付け根を切り、流出する汁液を集める。汁液には15~16%の蔗糖が含まれ、1ℓ／日の流量で7週間ほど集めることができる。ヤシ糖はこの汁液を濃縮して製造する。一例ではあるが、ヤシ糖の品質は図表2—1に示したように蔗糖分72・1%、還元糖10・9%、灰分2・7%、水分が約10%である。

② ココヤシ

マレーシアあるいはアメリカ原産で熱帯の低地や海岸に好んで育ち、高さが20～30mとなり分枝せず、直径が20～30cmに達する。葉は羽状の複葉で長さ4～5m、羽片の長さ60～70cmもあり、茎の先に20～30個集まり、四方に開く形で付いている。葉の生え際から1～2mのところに花序が出て、その花序1本に数個の果実が付く。汁液の採取は花序の柄を切り、流れ出す液を集める。採取季期はとくにないが、採取期間は4カ月程度で12～18%の糖を含む液を1日当たり1・8kg程度、得ることができる。ヤシ糖はこの汁液を濃縮して製造する。製造されたヤシ糖は図表2—1に示したように蔗糖分81～68%、還元糖8・9～6・5%、灰分3・3～2・6%である。

③ オウギヤシ

インド原産でタイやアフリカ、インドの乾燥地域に生えており、葉がシュロ型で、茎高30m、茎径1mにもなる。葉の形状より別名ウチワヤシともよばれる。蔗糖を含む汁液の採取は15年ほど経つと花が付くので未開花のうちに花序の柄を切り、漏液を集める。採取は1月から7月にわたり行われ、4～5カ月間、可能である。その間、1本当たり220～360ℓの汁液が採取でき、その汁液7ℓを濃縮すると約1kgの固形糖を作ることができる。汁液成分の一例を示すと水分84・7%、炭水化物14・6%、たん白質0・19%、灰分0・66%、その他の成分となっている。製造されたヤシ糖の品質については、一例ではあるが、図表2—1に示してある。

④ サトウナツメヤシ

インドで砂糖の採取用に植えられているナツメヤシの近縁である。汁液の採取は8～10年生成木の頂部の葉を取り除き、幹に傷つけ、汁液を集める。10月から翌年の5月にわたり行われる。汁液成分の一例を示すと水分87・2%、蔗糖10・6%、還元糖10%、灰分0・24%、その他の成分0・30%となっている。

⑤ ナツメヤシ

カラナツメともいい、熱帯地域のアフリカ北部やアジア西南部が原産で比較的乾燥した地域で生育する。茎の高さが30mにも達し、自然状態では束生であるが、栽培種のほとんどのものは単束である。葉は羽状複葉で長さ1・5～3mである。

図表2－1　各種含蜜糖中の共存成分（一例）

種類	原料	蔗糖分（%）	還元糖（%）	水分（%）	灰分（%）
黒糖	甘蔗	85～77	3.0～6.3	5.0～7.9	1.4～1.7
和三盆糖	甘蔗	96～93	0.8～2.2	0.4～4.0	0.4～1.3
ヤシ糖	ココヤシ	81～68	8.9～6.5	12.4～9.5	3.3～2.6
	ホウキヤシ	66.5	15.3	2.4	9.4
	サトウヤシ	72.1	10.9	10.2	2.7
ソルガム糖(スイートソルガム)					
	シロップ	40	28.4	25.4	2.8
	白下糖	53	14	23	5
メープルシュガー(砂糖カエデ)					
	キャンデー	86.5	8.8		1.1
	シロップ	62.2	1.4	34.3	0.6

資料：「琉球大学農学部学術報告第24、第51巻」、日本食品工業学会「日本食品工業学会誌第24巻」、光琳「甘味料」

汁液の採取では結実したとき、花序の柄を切り、漏出する液を集めるか、あるいは葉の付け根の柔らかい部分を傷つけ、夜中に漏出する液を集める。この汁液に多量の蔗糖が含まれている。

⑥ クジャクヤシ

茎高が22ｍ、葉が５～６ｍにもなり、インド原産で花序の柄から得た汁液は蔗糖を15～16％含んでいる。

(5) イネ科植物

甘蔗と同じ科に属するスイートソルガムは、サトウモロコシあるいは蘆粟《ろぞく》ともよばれ、モロコシの一変種でアフリカ東北部に自生する一年草植物である。スイートソルガムは草丈が約２ｍ、晩夏になると茎の頂に穂をだして直径５㎜程度の種子をたくさん付ける。汁液には８～14％の蔗糖を含んでいるが、それ以外にも還元糖などを多く含むので、蔗糖を結晶として効率よく取り出すのは困難である。しかし、栽培の適地は広く、栽培も容易であるが、甘味料用としてはインドやアフリカで栽培されているだけである。アメリカのように現在は、むしろ飼料用として栽培されている（図表２―１参照）。

2　各種砂糖の名称と分け方

(1) 砂糖の名称とよび方

砂糖のよび方としては、製造法に基づいた方法、原料植物からくる方法あるいはその組み合わせでよぶ方法などがある。

製造法に基づいたよび方としては、含蜜糖と分蜜糖、耕地白糖と精製糖などで、原料植物由来のよび方としては、甘蔗から製造された砂糖を甘蔗糖、てん菜から製造された砂糖をてん菜糖あるいはビート糖、砂糖カエデの樹液から作られる砂糖をカエデ糖あるいはメープルシュガーとよんでいる。また、ヤシ科植物の樹液から作られる砂糖は、国や地域により異なった名前でよばれているが、通常はヤシ糖で通用する。スイートソルガム由来の砂糖はソルガム糖とよんでいる。両者のよび方を組み合わせてよぶ方法としては、たとえば、甘蔗から製造される原料糖は甘蔗原料糖、てん菜から製造される原料糖はてん菜原料糖あるいはビート原料糖などとよんでいる。

(2) 砂糖の分け方と種類

砂糖を分ける方法としてはいろいろな方法があるが、通常使われているのは図表2―2に示したような「製造法に基づく方法」である。この場合には、原料作物の違いを考慮せずに製造法の違いだけで砂糖の特徴や特性の違いを明らかにすることができるので便利である。

砂糖は図表2―2のように製造法の違いで含蜜糖と分蜜糖に大別できる。含蜜糖とは前述の原料作物から得られる蔗糖を含む汁から、ほぼそのまま加熱・濃縮して固化した砂糖をいう。代表的なものとしては、甘蔗の汁から作られる黒糖や和三盆糖、砂糖カエデの樹液より作られるメープルシュガーあるいは、スイートソルガムの汁より作られるソルガム糖、ヤシ科植物の汁液より作られるヤシ糖などがこれに当たる。

一方、分蜜糖とは蔗糖の結晶を含む液を遠心分離機により分離して得た結晶をいう。分蜜糖には甘蔗やてん菜から作られる精製糖原料の原料糖、原料糖を再溶解し精製して製造した精製糖、てん菜や甘蔗などから途中で原料糖を作らずに直接白糖を製造し、製品とする耕地白糖などがある。

(3) 含蜜糖の種類と特徴

含蜜糖には蔗糖以外に図表2―1に示したように多くの共存成分を含んでいる。黒糖と和三盆糖は同じ甘蔗由来の含蜜糖であるが、黒糖は蔗糖含量が低く、還元糖や灰分の含量が高いのに対し、和三盆糖は蔗糖の含量が高く、還元糖や灰分の含量が少ないという違いがある。ヤシ糖は逆に還元糖や灰分の含量が比較的多く、蔗糖の含量が低いのが特徴である。メープルシュガーは蔗糖や還元糖の含量が高く、灰分が少ないという特徴がある。

① 黒糖

沖縄県や鹿児島県の島嶼部で生産される含蜜糖の代表である。甘蔗の絞り汁をそのまま加熱し、石灰乳を加えてpH調整を行い、不純物を取り除き、濃縮した

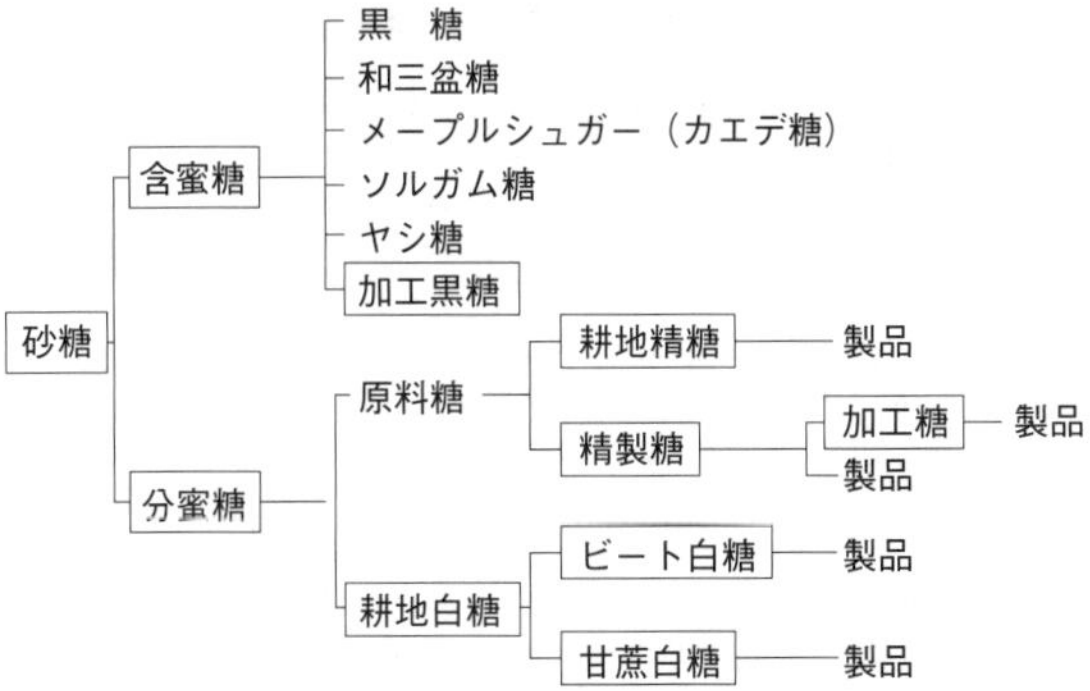

図表２－２　特徴の異なる各種砂糖の分類と名称

後、冷却しながら晶出して固めたものである。形状は淡い褐色から黒褐色でレンガ状、粉末状である。

黒糖の成分は図表2―1のように蔗糖分が85％程度で、図表2―3の精製糖あるいはビート白糖のような分蜜糖に比べて低い。一方、カルシウムや鉄など各種のミネラルからなる灰分の値が高い。このため黒糖は渋み・苦味といった味が強く感じられるとともに、カラメルのように甘みを強く感じさせる成分も含まれているため、独特の香りや深い味わいがある。

用途としては料理や菓子の材料、コーヒーや紅茶に使うことのほかに、直接口にして風味を楽しむこともある。また、九州・沖縄地方では昔から黒糖を使った郷土菓子や料理などが多くある。

② 和三盆糖

徳島県と香川県の一部で栽培されている在来品

図表２－３　精製糖の種類と共存成分（一例）

種類		蔗糖(糖度)(Z°)	還元糖(%)	水分(%)	灰分(%)	色価(ICUMSA)	結晶mm
双目糖							
	白双糖	99.97	0.01	0.01	0.00	5.4	1.70
	グラニュー糖	99.97	0.01	0.01	0.00	8.9	0.43
	中双糖	99.80	0.05	0.03	0.02	627.3	2.21
車糖							
	上白糖	97.69	1.20	0.68	0.01	7.3	
	三温糖	96.43	1.66	1.09	0.15	634	
液糖							
	蔗糖型	67.65	0.39	29.99	0.00	7.2	
	転化型	33.81	39.14	20.69	0.03	9.3	
加工糖							
	氷砂糖	99.95	0.01	0.05	0.00	9.3	
	粉砂糖	98.38	0.00	0.20	0.00		
	角砂糖	99.96	0.02	0.03	0.00		
	顆粒状糖	99.80	0.01	0.02	0.02		
ビート白糖							
	グラニュー糖	99.90	0.01	0.02	0.00	3.4	0.5
	上白糖	97.70	1.47	0.92	0.01	6.7	0.19

種の甘蔗「竹糖（通称、細きび）」を搾汁し、その搾汁を用いて独特な工程を経て製造される砂糖である。

最初、搾汁から白下糖を作り、この白下糖を麻布の袋に詰めて押し舟に入れ、重石で圧搾して糖蜜を絞り出す。ついで糖蜜が抜けた麻袋中の白下糖を取り出して「研ぎ台」とよばれる盆に置き、木槌で叩いて柔らかくした後、少量の水でよく練り上げる「研ぎ」を行う。この「研ぎ」を行った白下糖を再び麻袋に入れて押し舟に移し、石で重しをかけて糖蜜を絞り出す。この作業を何回か繰り返して、最後に1週間ほど乾燥する。和三盆糖の名称の由来は「研ぎ台」で白下糖を3度ほど「研ぐ」ことからきている。

和三盆糖は「研ぎ」を行うことで蔗糖以外の不純物が除かれるため、図表2―1のように上白糖のような分蜜糖とほぼ同じ品質を有する。そのうえ、結晶が粉砂糖に近いきめ細やかさである。ただし、上白糖に比べて、まだ微量の糖蜜が残っているため、見た目には淡いクリーム状である。味わいは甘さにくどさや後味がなく、口に含むと素早く溶け、風味がよい。

用途としては高級和菓子の材料、落雁のような和三盆そのものを固めた菓子などがある。

③ メープルシュガー

砂糖カエデより得られた蔗糖を含む樹液を濃縮してシロップ状またはクリーム状あるいは結晶状にしたものがメープルシュガーである。メープルシュガーには砂糖カエデの樹液を濃縮して得たメープルシロップ、濃縮したペースト状のメープルバターあるいはメープルクリーム、結晶状のメープルキャンデーがある。

メープルシュガーの特徴は図表2―1のように

蔗糖や還元糖が黒糖より少し高く、琥珀《こはく》色あるいは褐色で特有の香気と風味をもっていることである。

用途としてはホットケーキやワッフルにかけたり、菓子の原料として用いられる。変わった用途としては独特の風味を生かし、タバコの添加剤として用いられている。

(4) 分蜜糖の種類と特徴

分蜜糖には図表2―2のように原料糖と耕地白糖がある。粗糖ともよばれる原料糖は精製糖の原料として、甘蔗の栽培地で製造される分蜜糖である。耕地白糖には甘蔗の栽培地で甘蔗から直接、製造される甘蔗白糖とビートから直接、製造されるビート白糖とがある。また、原料糖から製造される精製糖も分蜜糖である。

① 精製糖

精製糖には図表2―2および図表2―3のように双目糖と車糖あるいはグラニュー糖などを再加工して製造した加工糖や液糖がある。双目糖はハードシュガーともよばれ、白双糖、中双糖、グラニュー糖のようなサラサラとした結晶状のものである。一方、ソフトシュガーとよばれる車糖は上白糖や三温糖のように結晶が細かく、しっとりとした手触りのある砂糖である。

白双糖、中双糖、グラニュー糖を双目糖とよんでいるその由来については、以下のような二説がある。一つは、日本で近代的な砂糖製造が始まった明治中頃、生産された砂糖は結晶が大きく感触がサラサラしていたため、その特徴から「ザラメ」とよばれ、それが後に「双目」となったという説、もう一つは、「物事が滞りなく進む」ことの形容とし

写真2－3　白双糖

て「サラサラ」が使われることから手中の砂糖が手を傾けるとサラサラとこぼれる様から連想して「双目」とつけられたという説である。

　一方、車糖については、明治初期、香港から輸入される砂糖が蒸気機関を利用して作られ、この砂糖を当時「香港車糖」あるいは「火車糖」などとよばれており、それが後に「香港」や「火」が省略されて「車糖」になったという説である。

・白双糖（写真2―3）

　上双糖ともよばれている。結晶は無色のサラサラとした1・0～3・0㎜の大きさで双目糖の仲間である。比較的溶けにくく、光沢があり、上品な甘さでクセがない。品質はグラニュー糖と同じかそれ以上で、蔗糖（糖度）の含有量が非常に高く、不純物が少なく、ほとんど蔗糖のみである。肉眼で確認しても判断ができないほど着色はない。生産量は少ないが、用途としてはリキュール、高級な菓子類、ゼリーの製造に用いられている。この砂糖は明治後期に台湾でグラニュー糖に似せて作られた耕地白糖が最初で、その後、保存性の良さから広く使われ、現在まで用い続けられている。

・中双糖（写真2―4）

　黄双ともよばれている。結晶の大きさは白双糖とほとんど同じでサラサラとしているが、結晶の表面はカラメルにより黄褐色を帯びている。中双糖は、ほかのハードシュガーに比べて蔗糖（糖度）が99・8と幾分低く、還元糖や灰分が多い傾向にある。白双糖と同様、中双糖の生産量は多くはない。用途としては、漬物や煮物あるいは綿菓子の材料に使われている。

写真２－４　中双糖

写真２－５　グラニュー糖

中双糖は明治中期に分蜜糖の一種として作られたが、当時の「砂糖消費税法」では、税率が低い黄双と税率が高い中双に分けられていた。そのため、当時の中双にカラメルをかけ、黄双に似せて作られたのが現在の中双糖の始まりである。

・グラニュー糖（写真2―5）

双目糖の代表格で、白色の結晶には光沢があり、大きさは0・2〜0・7㎜程度で蔗糖（糖度）

の含有量は非常に高いが、還元糖や灰分は低い。グラニュー糖は加工食品への用途が多いため、納入先の要求でグレードの異なる製品が幅広く生産されている。生産量は精製糖のなかで上白糖と同様、多い。用途としては加工用として飲料、缶詰、菓子などの製造に、一般の家庭では紅茶やコーヒーに入れたり、菓子を作る原料として使われている。

・上白糖（写真２―６）

　一般に白砂糖ともよばれ、代表的な車糖である。結晶の大きさは０・１～０・２㎜と非常に細かく、結晶表面にビスコ（還元糖の液）を噴霧しているために手に触れると、しっとりとした感触がある。蔗糖（糖度）の含有量は、双目糖に比較して低いが、還元糖の含有量は高い。灰分や色価は白双糖やグラニュー糖とほぼ等しい値である。上白糖のしっとり感は、結晶の表面がビスコで覆われているためである。用途としては一般家庭での菓子や料理など多く用いられている。また、食品工場でもパンやカステラの製造に、あるいは菓子類やジャムの製造にも使われている。

　この日本独自の砂糖として知られている上白糖の起源には、二説ある。明治後期に固結防止のためにビスコを振りかけたのが最初であるとの説と和三盆糖に似せて作られたとの

写真２－６　上白糖

説である。いずれにせよ、しっとりとした手触りのある、この砂糖は日本の風土によく解け合い、日本人の感性にあったために現在も代表的な砂糖として使用し続けられている。

・三温糖（写真2―7）

褐色を帯び、しっとりとした手触りのある上白糖に似た車糖である。結晶が0・1～0・2㎜と細かく、微量なカラメルや蜜が残っているため、味が濃厚で風味がある。蔗糖（糖度）の含有量は、低いが、還元糖の値は高く、水分や灰分の含量も高い。用途としては、家庭では煮物などの調理に、食品工場では煮物や佃煮の製造に使われている。

この砂糖がなぜ三温糖とよばれているのか、その名称の由来を探ってみると、近代的な精糖技術による分蜜糖の生産が始まった明治中期頃にたどりつく。当時の精糖工程では結晶化と溶解を繰り返し、砂糖中の色や不純物を除くことで行われていた。上質の砂糖を作るためには、この工数を増やすことになるが、そのとき、工数3回の場合にできた砂糖を三温、4回では四温などとよばれていた。三温糖の由来は当時、結晶化と溶解を繰り返す工数が3回の「三温」と特徴が似ているために現在の三温糖として残ってき

写真２－７　三温糖

たと考えられている。

・液糖

液状の砂糖で、グラニュー糖や上白糖と同等の上物液糖および三温糖と同等、あるいはそれ以下の品質である裾物液糖、蔗糖を加水分解して一部を還元糖とした転化型液糖がある。用途としては、上物液糖は、主として各種の飲料の製造に使われる。裾物液糖はユーザーの要求に応じて品質の異なる多くの製品が製造され、ソースなどの原料として広く使われている。

・氷砂糖（写真2－8）

氷砂糖には製法も形状も異なる二種の氷砂糖、クリスタル氷糖とロック（室）氷糖がある。クリスタル氷糖は大きさが17～25×15～18㎜くらいで、上双糖の結晶を大きくした形である。品質はグラニュー糖とほぼ同じである。一方、ロック氷糖は大きな岩を砕いたような形状で大きさが20～60×10～40㎜、品質はグラニュー糖とほぼ同じである。いずれの氷砂糖も溶けるのに長時間かかるので、この特性を利用して梅酒などの果実酒の製造に利用されている。

写真2－8　氷砂糖

・粉砂糖

砂糖の粒子が非常に細かいため、水に溶けやすい性質がある。市販品の多くは固結を防ぐ目的で少量のコーンスターチやデキストリン、オリゴ糖などを添加している。品質はグラニュー糖に比べて水分の含量が比較的高く、蔗糖（糖度）は同じ程度か、あるいは低めである。用途としては洋菓子、ケーキ、クッキーなどの製造に、あるいは糖衣錠に、家庭では果物への「ふりかけ」などに用いられている。

・角砂糖（写真2―9）

六方型（正四面体）やドミノ型（扁平四面体）があり、品質はグラニュー糖とほぼ同じである。グラニュー糖と砂糖液の混合物を乾燥して結晶同士を弱く接合させているために物理的な衝撃、たとえばお湯や水の中に入れると、角砂糖は簡単に崩れる。用途としては家庭や公共の場所で紅茶やコーヒーをたしなむときに用いるほか、最近では重さが決

写真２－９　角砂糖

写真２－10　顆粒状糖

まっているので料理の際にも用いられている。

・**顆粒状糖**（写真2―10）

顆粒糖ともよばれ、原料の粉糖を造粒し、粒径をおよそ1㎜以下にした砂糖である。顆粒状糖は微細な結晶が多孔質を保つように固まっているので固結しにくく、反面、溶けやすいという特質がある。また、多孔質の細孔のなかに空気を含んでいるので、クリーム類のホイップの際には起泡性を向上させ、細孔内に香気を吸着して保つことができる。用途としてはアイスコーヒーや冷たい飲み物に入れるほか、生クリームなどの練りこみ、フォンダンなどのお菓子づくりにも使われている。

② **てん菜白糖**

ビート糖あるいはてん菜糖ともよばれており、図表2―2に示したように、原料のてん菜から直接、製造する代表的な耕地白糖である。ビート白糖にはグラニュー糖と上白糖があり、図表2―3のように成分組成や外観、特徴や用途も精製糖とほとんど同じである。精製糖と異なっている点は、微量のオリゴ糖のラフィノースが含まれていることである。

(5) 原料糖（粗糖）の製造

① 原料甘蔗の栽培と収穫

・**栽培**：前節に記したように、甘蔗は登熟期に蔗茎のなかに11～15％の蔗糖を含むイネ科の多年草植物である。甘蔗の生育には年間の平均気温が20度前後で、年間降雨量が1500～2500㎜必要である。作付けには「新植」と「株出」がある。新植は一～四節の間隔で切断した蔗茎を浅く土中に埋めて発芽させる方法であり、株出は収穫後に残された根株から出る新芽を発育させる方法である。収穫までの成長期間は、地域や作付けの方法（株出しか新植か）により変わるが、通常、フィジーや豪州は14～18カ月、南アフリカは20～24カ月、東南アジアや沖縄県では12～13カ月である。

・**収穫**：時期は北半球では12～4月、南半球では4～10月あるいは7～翌年1月となる。収穫には収穫機あるいは専用の鎌により手で刈り取る。収穫機での収穫では圃場で収穫前の甘蔗の下葉を焼き払い、収穫する方法もある。収穫した甘蔗はキャリアーに積み込んだ後、トラックでけん引あるいは貨車に積み込み、製糖工場に搬入する。

② 原料糖の製造工程

原料糖の製造工程を図表2―4に示す。

・**搬入・細断**：収穫され、運ばれてきた甘蔗が製糖工場に搬入されると、搬入量が測定・記録される。搬入甘蔗をただちにカッターで細断し、シュレッダーで繊維状に打ち砕き、圧搾機（ミル）で搾汁し、蔗糖を12～15％含む混合汁を得る。

・**清浄・濃縮**：混合汁には蔗糖以外にコロイド状の物質、還元糖、有機酸、着色物質、リン酸塩などの無機塩などが含まれているので、それを除くために石灰乳を添加する。石灰はリン酸と反応して不溶性のリン酸カルシウムとなり、これにコロイド物質などが吸着して凝固するので、この液を連続沈殿槽に送る。連続沈殿槽で凝固物を沈殿させ、透明になった部分を連続的に取り出し、固形分濃度12～15㎜％の清浄汁を得る。清浄汁にはまだ少量の夾雑物が混入しているのでろ過した後、多重効用缶に送り、蒸発・濃縮して60～65㎜％の濃厚汁を得る。

・**煎糖・分蜜**：送られてきた濃厚汁は、真空結晶缶でさらに濃縮する。やがて過飽和の状態となる

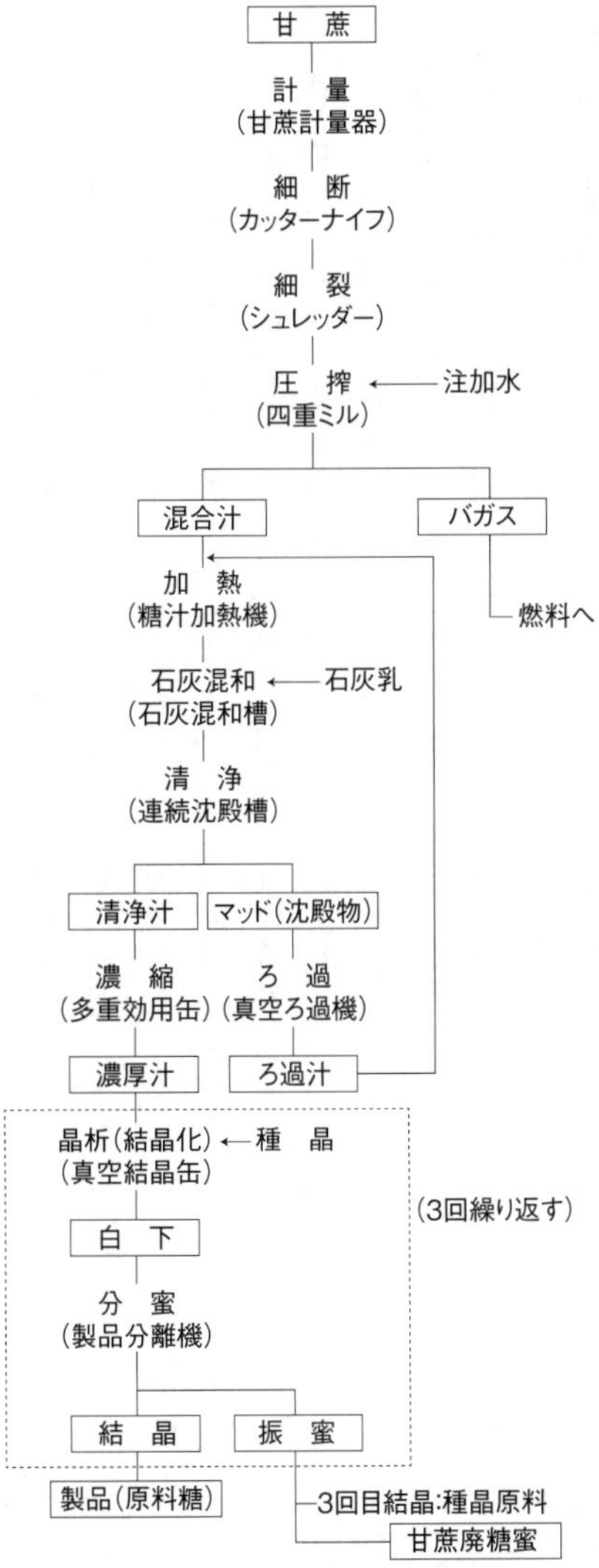

図表2－4 原料糖の製造工程

ので種糖を加えて起晶する。晶出後も濃縮を続けて育晶し、結晶粒径が目標とする程度の大きさになったら煎締する。煎締が終わったら煎糖を停止して落糖し、白下を一時的に助晶機やミキサーに蓄える。助晶機やミキサー中の白下は順次、製品(遠心)分離機で分蜜して結晶と振蜜に分ける。振蜜にはまだ多量の砂糖が含まれているので、もう一度、煎糖して砂糖を回収する。この操作を3回ほど繰り返す。通常、1回目の煎糖と2回目の煎糖で得られた原料糖が乾燥されて製品となり、3回目の煎糖でできた結晶は1回目と2回目の種晶となる。3回目の振蜜は甘蔗糖蜜となる。

(6) 精製糖の製造

① 原料糖の調達

日本で精製糖の原料として使用している原料糖は、図表2―5に示したような品質のもので、沖縄県や鹿児島県島嶼部で製造される甘蔗原料糖、北海道でてん菜から製造されるビート原料糖、あるいは豪州、タイ、南アフリカ(ナタール州)などの国から輸入されている原料糖である。輸入するほとんどの原料糖は、日本の法律(砂糖及びでん粉の価

図表2－5　原料糖の各種成分（一例）

種類	糖度（Z°）	還元糖（%）	水分（%）	灰分（%）	色価（ICUMSA）
甘蔗原料糖					
豪州産（高糖度）	98.80	0.50	0.30	0.20	2,900
（通常）	97.61	0.56	0.66	0.52	4,133
ナタール産	97.63	1.20	0.46	0.21	2,638
タイ産	97.45	0.77	0.55	0.35	8,780
沖縄産	97.88	0.35	0.56	0.66	2,690
鹿児島産	97.98	0.33	0.64	0.57	3,003
ビート原料糖					
北海道産	99.98	0.00	0.03	0.02	39.90

格調整に関する法律）で関税が０％となる"粗糖とは、分蜜をした砂糖であって、乾燥状態において全重量に対する蔗糖の含有量が検糖計の読みで98.5°未満に相当するもの"と定義されたものである。また、一部には豪州とのＦＴＡ協定に基づき、関税が０％で輸入可能となった乾燥状態で糖度99.3°未満の高糖度原料糖が最近、輸入されるようになってきている。

② 精製糖の製造工程

・**洗糖**：精製糖の製造工程を図表２―６に示す。原料糖の結晶表面には有機物や無機物などの不純物を多く含む蜜膜で覆われている。そこで、洗糖蜜と一緒にミングラーでかき混ぜ、蜜膜を溶かしてマグマとする。マグマを洗糖（遠心）分離機で分蜜し、洗糖蜜と洗糖を得る。洗糖にはまだ多くの不純物を含んでいるので、それを除去するために約80度の温水で溶し、濃度60㎜％以上のローリカーにする。

・**炭酸飽充**：ローリカーに石灰乳を原料糖当たり0・6～10％加えて二酸化炭素を吹き込む。飽充すると、同時に不溶性の炭酸カルシウムが生成し、ローリカー中の不純物を取り込んで一緒に凝集する。この液をろ過して濁りのない清澄なブラウンリカーを得る。

・**脱色・脱塩**：ブラウンリカーはまだ着色しているので、粒状活性炭塔や骨炭ろ過器に通してこれらの物質を吸着・除去する。本操作でローリカー中のほとんどの着色物質が吸着・除去され、薄い黄色かかったクリアリカーが得られる。さらに少量残った着色物質や灰分を除くため、脱色用イオン交換樹脂塔や脱塩用イオン交換樹脂塔にクリアリカーを通し、ほとんど無色で低灰分の液、ファ

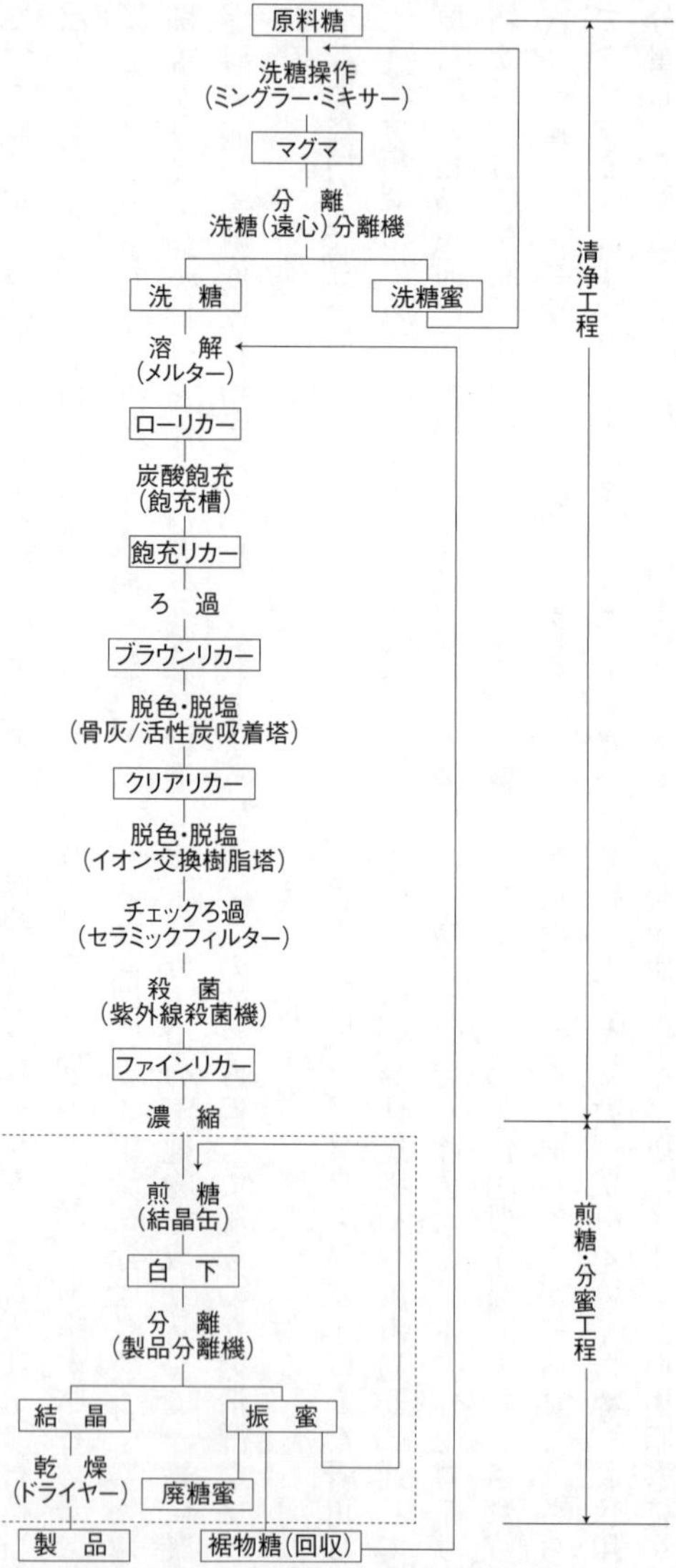

注　：点線内は同じ操作を5～6回繰り返す。

図表2－6　精製糖の製造工程

インリカーを得る。最後に、ごく微量の不溶物質や微生物を除くためにセラミックフィルターに通す。ファインリカーをセラミックフィルターでろ過すると、およそ１μmの大きさの懸濁物や微生物が除去される。一部あるいは全部のファインリカーは残存する微生物をさらに紫外線で滅菌し、ほぼ無菌のきわめて清澄な液とする。

・**煎糖**：ファインリカーを真空結晶缶に入れ、撹拌しながらカランドリアにより70度以下で加熱して煮詰める。過飽和度が１・０～１・２になったところで種糖を入れて起晶する。ファインリカーを補いながら過飽和度を１・０～１・２に保ち、結晶粒径が目標とする程度に大きくなったら約94㎜％まで煎締した後、落糖する。落糖後の白下はミキサーに送り分蜜するまでの間、一時的に蓄える。

・**分蜜**：ミキサーにある白下を製品（遠心）分離機で分蜜し、結晶と振蜜に分ける。上白糖や三温糖のような車糖ではしっとり感を出すため、操作時にビスコをかける。

・**乾燥**：分蜜で得られた結晶は、水分が上白糖で２～３％、グラニュー糖で０・９～１・１％、品温が55度前後あるので、ドライヤー・クーラーなどにより品温を35度前後まで冷却し、水分を上白糖で０・７～０・８％、グラニュー糖で０・０２％前後に調整し、出荷まで貯蔵する。一方、振蜜は煎糖と分蜜を何回も繰り返し行うことにより残っている蔗糖を回収する。

・**包装**：シュガービンやサイロに貯蔵した各種の砂糖は、計量しながら30kg、20kg、15kg用クラフト紙袋へ自動包装機で充填する。また、１kgポリエチレン袋入り砂糖の包装は、小袋自動包装機で行う。上白糖１kg用包装機は、一時間当たり約

２０００袋（２ｔ）を包装する能力がある。

③ 煎糖法（煎糖方式）

各種品質の精製糖、たとえば、グラニュー糖、上白糖、三温糖などはファインリカーや振蜜を一定の順序に従い、煎糖することにより製造する。その順序は図表２―７に一例を示したように、最初、ファインリカーを煎糖して得た白下を分蜜して白双糖、グラニュー糖、上白糖などの１番糖と振蜜の１番蜜を製造する。次に、１番蜜を結晶缶に戻して煎糖し、グラニュー糖や上白糖などの２番糖と２番蜜を得る。この工程を２～３回繰り返して煎糖すると振蜜が着色したり、不純物が濃縮したりするため品質の良いグラニュー糖や上白糖などは製造できなくなる。そこで、着色した不純物の多い４番蜜や５番蜜を用いて、中双糖や三温糖を製造する。さらに、振蜜が着色して不純物が多くなると、この振蜜からは製品としての蔗糖を回収することができなくなる。

そこで、このような振蜜は蔗糖分回収工程にまわし、蔗糖分を回収し、原料として最初の精糖工程に戻す。

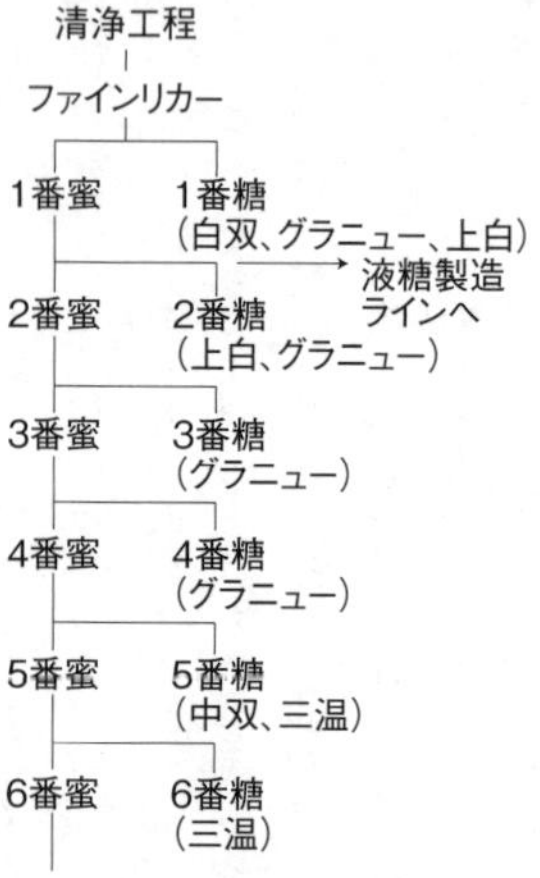

図表２－７
各種精製糖の製造法（煎糖法）

(7) てん菜白糖の製造

① 原料てん菜の栽培と収穫・貯蔵

・栽培：てん菜の栽培には、２４００～３０００

度の積算温度が必要である。積雪地帯の北海道は、雪解けが遅いので生育期間が短くなり、通常の栽培方法ではこの積算温度を得ることができない。そこで、これを防ぐために、北海道では3月上旬頃、ビニールハウス内で土充填の紙筒に播種を行い、20～25度で35～45日間、発芽・育苗する。積雪が消える4月下旬～5月上旬になると本葉が4枚ほどになるので、紙筒ごと整地や施肥の終わった圃場に移植する。圃場での生育期間は、5～10月で、その間の気温は12～20度が必要である。7月は主根を大きくするために高温が必要である。登熟期の9月は気温が低下して昼夜間の温度差が大きいことが、蔗糖の含有率を高めるのに重要である。水分が400～450gであると収量は増加する。除草や除草剤の散布、病害虫防除のための薬剤散布などは、移植から収穫までの間、5月中旬から9月中旬に行う。

・**収穫**：登熟したてん菜は10月上旬から11月上旬にかけて収穫を行う。機械で圃場に植わったまま、てん菜から葉と主根の間を切断して葉を除去した後、収穫機でてん菜の主根を掘り起こす。収穫したてん菜は、工場や各地域にある集積所に運び、計量後、屋外にシートを掛けて貯蔵する。てん菜は貯蔵中にも生命維持のために呼吸しているので糖質の消化が進行する。そこで、凍結を防ぎ、呼吸が最低限、維持できる0～5度の温度に保たれるよう管理する。

② てん菜白糖の製造工程

・**搬入・洗滌**：てん菜白糖の製造工程の一例を図表2−8に示す。北海道のてん菜糖製造工場は、てん菜の収穫と同時に操業を開始し、2月中旬から3月中旬に終了するのが一般的である。原料てん菜の

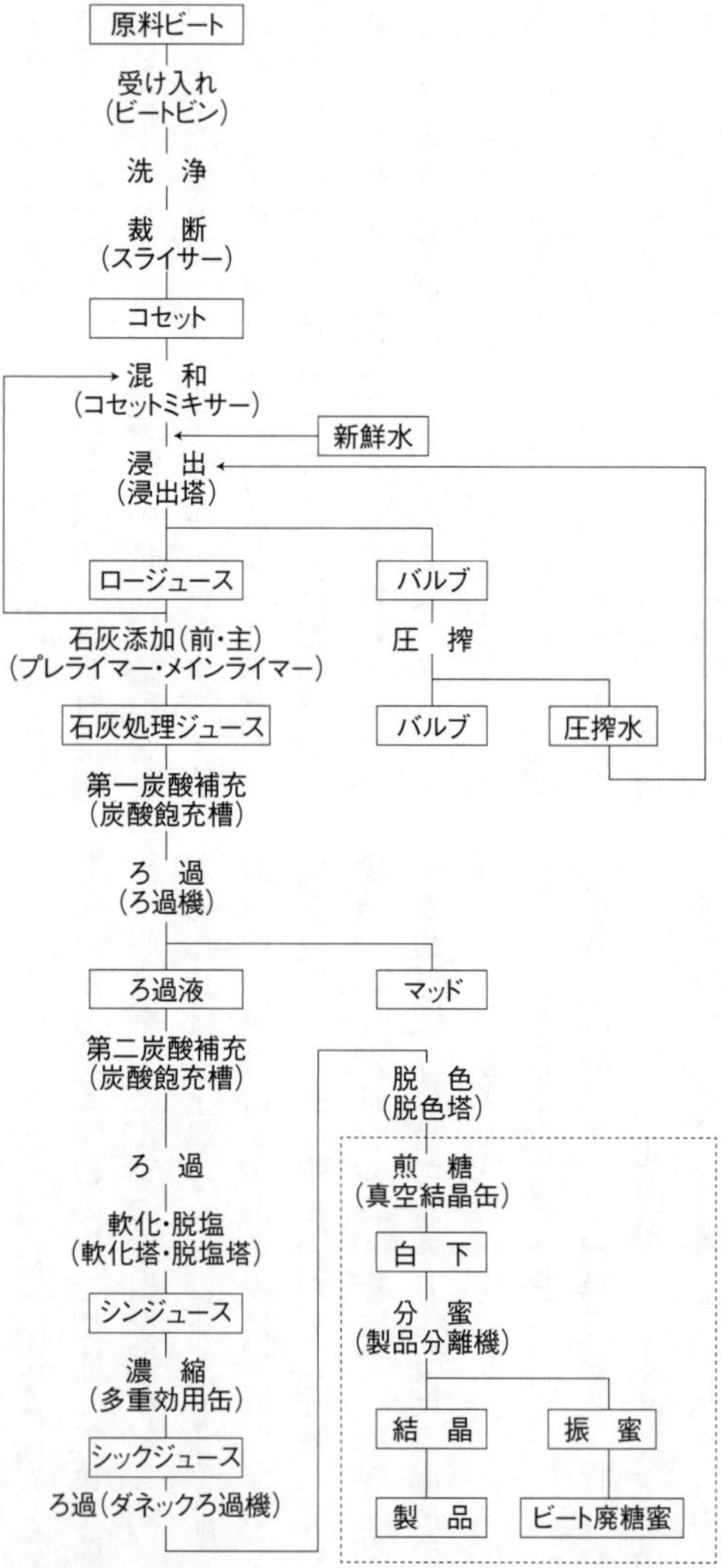

注　：点線内は繰り返し行う。

図表２－８　てん菜（ビート白糖）の製造工程

工場への搬入は随時、集積所に貯蔵されているてん菜をトラックで工場のビートビン（受入施設）に移送する。ついで、てん菜をビートビンに流れる大量の低温水で工場内に流送する。流送される間にてん菜は洗滌機などを通り夾雑物などが除去される。洗浄後のてん菜は水切りや殺菌が行われる。

・**裁断**：洗滌・水切りされたてん菜は、裁断機で4～5㎜角に細長く切断してコセットとする。このコセットは混和槽でロージュースと混ぜ合わせ、75～80度まで加熱した後、浸出塔に送る。

・**浸出・石灰添加**：浸出塔内のコセットは、浸出塔内部の多数の羽根で上部に移動している間、浸出塔上部から供給された温水と接触し、蔗糖が温水に移行する。温水の蔗糖濃度は浸出塔の底部ほど高くなり、浸出塔下部より取り出すときの温水の蔗糖濃度は12～17㎜%となる。このロージュースとよばれる浸出塔下部より得た糖水は、砂や石ころなどを除去後、加熱機に送る。ロージュースにはたん白質やペクチンなどのコロイド状の物質などが含まれているので、除去のために炭酸飽充を行うが、その前に石灰乳を添加する。75～85度に加熱機で加熱されたロージュースにpHが約12・6になるように石灰乳を加えて混合し、10～20分間放置する。その後、炭酸飽充槽に送る。

・**炭酸飽充**：石灰乳を添加したロージュースにpHが10・8～11・2になるように連続的に二酸化炭素を吹き込む。するとコロイド状の物質などの不純物を吸着した炭酸カルシウムの沈殿粒子が生成する。この液をろ過してpH10・8～11・0、84～93度のろ過汁を得る。さらに、このろ過汁を100～102度まで加熱し、pH9・0～9・5になるように石灰乳を加え、二酸化炭素を飽充する。

飽充後、ろ過してpH8・2～8・9のろ過汁を得る。得られたろ過汁は軟化・脱塩工程に送る。

・**軟化・脱塩**：ろ過汁中の残存カルシウム塩をナトリウム型陽イオン交換樹脂を通してナトリウム塩に交換する。イオン交換を行うことで、ろ過汁よりカルシウム塩を除去し、濃縮あるいは煎糖の段階でスケールの発生を防ぐ。さらに、カルシウム塩を除去したろ過汁中には灰分、アミノ酸、有機酸、色素なども含まれているので、脱塩用イオン交換樹脂に通し、これらの成分を取り除く。この処理で蔗糖以外の成分は、固形分当たり4～8％除去され、蔗糖の純度約98％のシンジュースを得ることができる。

・**濃縮**：シンジュースは、多重効用缶で3～4倍に濃縮してシックジュースとする。通常、四重効用缶では14㎜％程度のシンジュースを第一缶で約126度まで加熱して蒸発・濃縮し、ある程度まで濃縮すると第二缶に送る。第二缶で蒸発・濃縮が弱まると第三缶に、第三缶で弱まると第四缶へと送り、第四缶では最終的に60～70㎜％まで濃縮する。この液をシックジュースとよぶ。

・**煎糖・分蜜**：シックジュースをさらに真空結晶缶内で濃縮して晶析する。てん菜白糖の製造では3回の煎糖を行うのが一般的で、1回目の煎糖で得られたものが製品となる。シックジュースは白糖洗蜜、二番糖あるいは裾物糖と混ぜて過飽和度1・15～1・25まで濃縮して晶析を行い、白糖白下を得る。この白糖白下を製品（遠心）分離機で分蜜して白糖、白糖振蜜や白糖洗蜜を得る。この白糖は製品となるが、白糖振蜜は二番糖洗蜜と混合して煎糖し、二番糖白下を得る。以下、本操作を2回、3回と煎糖を行い、二番糖、三番糖を得る。分蜜直後の砂糖は、水分を多く含んでいるので乾燥工程に送る。

・**乾燥・包装**：分蜜して得られた砂糖結晶は、ドライヤーで温風乾燥し、クーラーで冷却した後、シュガービンやサイロに貯蔵する。貯蔵済みの各種の砂糖は、計量しながら30kg、20kg、15kg用クラフト紙袋へ自動包装機で充填する。

3 砂糖企業における品質管理

(1) 品質管理体制

ほとんどの精糖企業では、製品品質を決める成分や微生物あるいは不純物などの分析は、工場の品質管理部門が受けもち、複数の工場をもつ企業では、本社の技術部門が作成した「品質管理マニュアル」などに基づき対応する。また、品質管理は工場や技術部門だけであると、ダブルチェックの体制が働くなり、往々にして生産現場の意向に左右されることになる。そこで、製品の品質管理に対しては、さらに技術部門やほかの部門の意向が反映され難いように独立した「品質保証部門」を設け、横断的な体制を敷いて対処する。品質保証部門は製品品質の「安全・安心」を確保するため、定期的に工場や関係会社への立ち入り調査を行い、技術部門や他の部門が作成した「品質管理マニュアル」などに基づき検証し、問題点を洗い出し、「品質管理マニュアル」を遵守させたり、問題点の改善を行うよう指導する。

(2) 砂糖の品質規格

日本では砂糖に対する公的な品質規格は、存在しない。ただし、特殊な用途向け、たとえば、医薬向けとして、日本薬局方で「精製白糖」と「白糖」の規格がある。現在、食品の国際的な品質規格の制定作業、FAO／WHO合同食品規格（コーデックス食品規格）の作業が行われているが、砂糖についても規格化の作業が進行している。

このようなことから、個々の企業は用途別に社内規格を作っているのが現状である。てん菜白糖を含め、精製糖は食品企業や清涼飲料企業向け、いわゆる業務用が8割以上であるが、この業務用については、ほとんどがユーザーとの間で規格書を取り交わし、その規格に基づいた製品を供給する。一方、小売向けの砂糖は、社内規格を設け、それに基づいて製品を製造し、販売する。しかし、精製糖の特性から、統一的な規格がなくても個々の企業が個別に設けている規格は、ほぼ同じようである。

(3) 規格項目・基準と分析法

① 規格項目と基準

通常、精製糖の規格として考えられる一般的な項目には糖度（蔗糖分）、還元糖、水分、灰分、色価、粒径（粒径のバラツキを含む）のほかに、セジメント、濁度、異物、微生物、微量無機成分（銅、鉄、マグネシウムなど）などがあり、小売向けの各種砂糖の社内規格では、このような項目が主となっている。

業務用の精製糖に関しては、利用する食品、たとえば、飲料であるとか、菓子などでは製造上の必要性から、あるいは製品の特性からユーザーとの契約や慣行に基づき精製糖の規格や基準を決めている。このため、ユーザーが異なると、同じ項目でも基準値や分析法が異なり、さらには同じ分析法でも分析手順や各種の条件が異なるなど、非常に複雑である。たとえば、飲料メーカーなどは微生物にかかわる規格・基準については厳格である。

② 品質管理における分析項目とその体制

グラニュー糖や上白糖のような固形糖と液糖では異なるが、規格・基準で決めた項目は、

(a)通常の一般的な分析項目で日常的に分析して管理する項目
(b)ユーザーからの要請に基づく非定期的な分析項目
(c)定期的あるいは非定期的に外部検査機関に依頼して分析する項目

である。

(a)に関しては糖度、還元糖、灰分、色価、水分、結晶粒径、微生物(一般細菌、酵母、カビ、耐熱性菌、フラットサワー菌、好酸菌など)などであり、社内規格や業務用の規格にもほとんど取り入れられている。(b)についてはフロックや味覚あるいは微生物のなかで試験条件の基準の異なるカビ、耐熱性菌、フラットサワー菌、好酸菌などがある。(c)については日常の品質管理分析では実行が難しいが、それでも常に監視しなければならない項目で、社内規格にも一部が取り入れられているが、多くはユーザーとの間で取り交わされた規格で決められているものである。微量無機成分などがその例に当たる。当然、残留農薬やアレルギー物質などの法律に基づいて規制されている物質についてもこの範疇に入る。これらの成分のなかで残留農薬などについては、原料の段階でチェックし、さらに、製品の段階でも検査するダブルチェック体制をとっている。

③ 分析法

砂糖にかかわる分析法で、一般的な項目には国際的に統一された分析法があり、ICUMSA(国際砂糖分析統一委員会)法とよばれている。この

ＩＣＵＭＳＡは、世界の主要産糖国や消費国の政府の砂糖関係の研究機関あるいは砂糖関係企業の研究機関で構成されており、加盟国は約30数カ国である。日本は政府の砂糖関係の研究機関が参加していない特異的な国で、民間の企業や業界が中心になって日本部会を構成し、ＩＣＵＭＳＡに加盟している状況にある。ＩＣＵＭＳＡで決められた分析法は国際的な商取引で使用され、さらにはコーデックス食品規格のような国際規格、欧州・米国・日本の三極でハーモナイズされた「日本薬局方」の規格にも採用されている。したがって、砂糖にかかわる社内規格やユーザーとの間で規格を作る場合、糖度、還元糖、灰分、色価、水分、結晶粒径のような一般的な項目に対する分析法としては、多くは、ＩＣＵＭＳＡ法が採用されている。

一方、日本では精製糖の微生物に対する規格は、非常に厳しい。たとえば、ユーザーとの間で交わした規格のなかには耐熱性菌、フラットサワー菌、好酸菌などは0個、一般細菌、酵母、カビは10個以下など厳しい基準となっている。分析法としては、食品衛生法に基づく「衛生検査指針」などが基礎になるが、砂糖の用途により規格は異なることが多い。清涼飲料では耐熱性菌や好酸菌などの試験条件がシビアであり、缶詰ではフラットサワー菌がとくに厳しい。微量無機成分については有害金属である鉛、銅、カドミウム、ヒ素などは社内規格やユーザーとの間では規定していることが多く、そのときに分析法も含めて規定することもある。しかし、有害金属の分析法に関しては、砂糖だけを対象とした公的な分析法はないため、現在のところ、業界の開発した方法で行われている状況にある。

第3章 砂糖の科学

糖質や砂糖に関する説明のなかで、本章では蔗糖についてはスクロースや蔗糖を、ブドウ糖についてはD―グルコース、果糖についてはD―フラクトースの名称を用いる。また、上市されている、いわゆる製品としての砂糖であると解される場合には、スクロースや蔗糖の代わりに　〝砂糖〟を用いることにする。

1 糖質の基礎

(1) 糖質とは

糖質とは植物の光合成で作られ、ヒトをはじめとし、生物の生命を維持するのに重要な天然の化学物質で、動物やほとんどの微生物では作ることのできない有機化合物である。砂糖もこの糖質の仲間である。糖質を構成する元素は、基本的に炭素、水素、酸素で、この三種の元素を組み合わせることにより、化学構造や性質の異なる何万、何十万の糖質ができる。

(2) 糖質の種類

糖質にはいろいろな種類がある。糖としての特徴をもつ最小の物質が単糖(類)であるが、単糖にもいろいろな種類がある。この単糖が結合してオリゴ糖類(少糖類)や多糖類を作るが、単糖の数により図表3―1のように、三種にグループ分けすることができる。

① 単糖類

単糖またはモノサッカライドともよばれ、糖質のなかで一番簡単な構造である。単糖は加水分解のような化学的な処理を行っても、これ以上に簡単な糖の構造には分解できず、さらに分解をすると、糖としての特性が失われてしまうものである。D―グルコース、D―フラクトース、D―ガラクトース、D―マンノースなどのようなものを指している。

② **少糖類**

2～9個の単糖がグルコシド結合（基本的に糖の分子同士が脱水縮合して形成する共有結合で、たとえば、糖の水酸基（-OH）と別の糖の水素（-H）が離脱し結合して水となり、離脱された部分がお互いに結合する反応である）したもので、オリゴサッカライドあるいはオリゴ糖（類）ともよばれている。単糖が2個、結合したものは二糖類（ジサッカライド）、3個のものは三糖類（トリサッカライド）、4個のものは四糖類（テトラサッカライド）とよばれ

図表３－１　単糖の結合数からの分類

名称	単糖の結合様式	糖の数	例
単糖類（モノサッカライド）		1	D- グルコース（ブドウ糖） D- ガラクトース D- マンノース D- フラクトース（果糖）
少糖類(オリゴサッカライド)			
二糖類（ジサッカライド）	ホモジサッカライド ヘテロジサッカライド	2	マルトース（麦芽糖）、トレハロース スクロース（蔗糖）、ラクトース（乳糖）
三糖類（トリサッカライド）	ホモトリサッカライド ヘテロトリサッカライド	3	マルトトリオース、イソマルトトリオース ケストース、ラフィノース
四糖類（テトラサッカライド）	ホモテトラサッカライド ヘテロテトラサッカライド	4	イソマルトテトラオース スタチオース
五糖類～九糖類		5～9	自然界には存在せず
多糖類（ポリサッカライド）	ホモポリサッカライド ヘテロポリサッカライド	10＜	でん粉、セルロース（繊維）、イヌリン グルコマンナン、ヒアルロン酸

る。また、少糖類には同じ種類の単糖同士が結合したホモサッカライドと種類の異なる単糖同士が結合したヘテロサッカライドに分けられる。

たとえば、ホモオリゴサッカライドとしては、D―グルコース同士が結合した二糖類のマルトース、トレハロースなど、三糖類にはマルトトリオースやイソマルトトリオースなどがある。一方、ヘテロオリゴサッカライドとしては、D―グルコースとD―フラクトースが結合したスクロース、D―グルコースとD―ガラクトースが結合したラクトースなどがある。

③ 多糖類

多数の単糖がグリコシド結合した糖類でポリサッカライドともよばれ、天然に多くの種類が存在する。多糖（類）の多くは、コロイド溶液となり、甘味がない。オリゴ糖と同様、同じ種類の単糖が多数結合したホモポリサッカライド（ホモ多糖類）と、異なった単糖が多数結合したヘテロポリサッカライド（ヘテロ多糖類）がある。ホモ多糖類にはD―グルコースが多数結合したでん粉やセルロース、D―フラクトースが多数結合したイヌリンなどがあり、一方、ヘテロポリサッカライドにはD―グルコースとD―マンノースが1対1で結合しているコンニャクの主成分、グルコマンナンがその代表例である。

(3) 単糖の化学構造

① 単糖の炭素数

単糖のなかでもっとも小さい糖は、図表3―2に示すグリセルアルデヒドとジヒドロキシアセトンで、炭素数が3個である。炭素数が3個の単糖を三炭糖（トリオース）とよび、以下、炭素数4

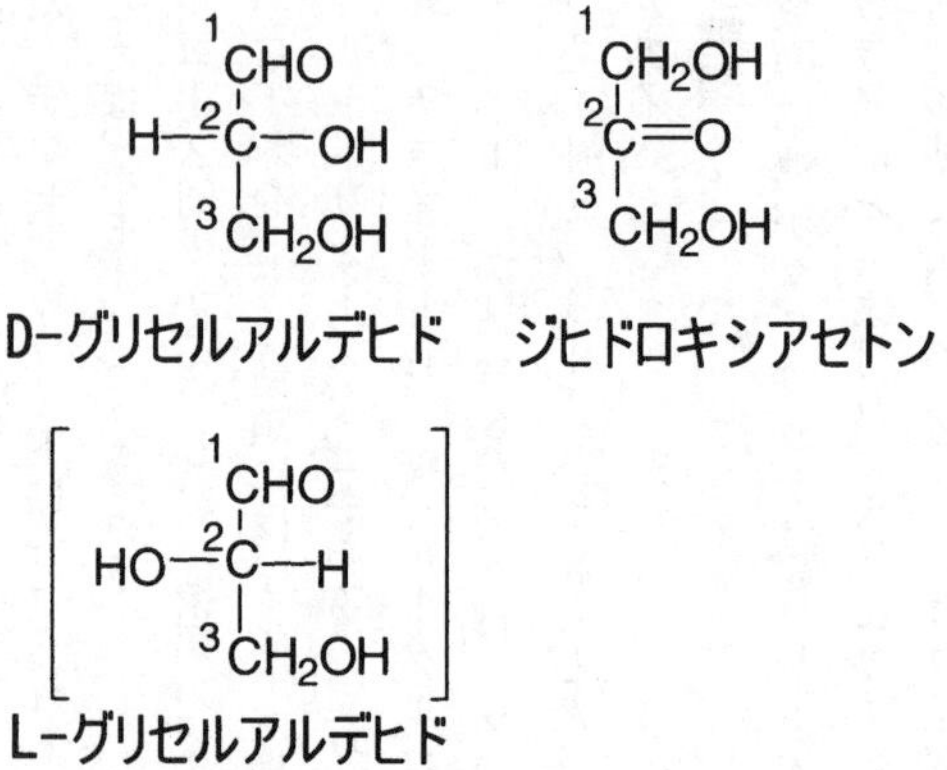

図表３－２　最小の単糖の構造

個の単糖を四炭糖（テトロース）、炭素数５個を五炭糖（ペントース）、炭素数６個を六炭糖（ヘキソース）とよぶ。

通常、単糖は $C_n(H_2O)_n$ または $C_nH_{2n}O_n$（n は原子の個数）の分子式で示される。

② 炭素原子と単糖

炭素（C）は原子価が4であり、その結合手は正四面体（正三角錐）の頂点にある。したがって、各々の頂点は、ほぼ等角度（１０９度28分）にある。単糖では3個以上の炭素が炭素同士で単結合し、残った結合手に水酸基（-OH）や水素（-H）などが結合する。各々の結合手に異なった官能基や元素が結合すると、構造が同じでも異なった糖となる。また、構造の異なる糖には分子量が同じでも結合した官能基が異なる「構造異性体」、官能基が同じでも結合する場所が異なる「立体異性体」、光学活性の異なる「光学異性体」の三種の異性体がある。

③ 構造異性体

単糖のなかで一番小さい糖は、図表3―2のグリセルアルデヒドとジヒドロキシアセトンである。グリセルアルデヒドはC_1の炭素（C_1位）がアルデヒド基（-CHO）、C_3の炭素（C_3位）がヒドロキシメチル基（$-CH_2OH$）で、この2つの官能基と水素および水酸基がC_2の炭素（C_2位）に結合した構造である。一方、ジヒドロキシアセトンはC_2位が、ケト基（=CO）であり、このケト基にヒドロキシメチル基が2つ結合した形をとっている。

このように、同じ組成で分子量が同じだが構造が異なる2つの化合物を構造異性体とよんでいる。そして、構造異性体である単糖は構造の中にアルデヒド基をもっていればアルドース、ケト基をもっていればケトースとよび、アルドースに属する単糖をアルドース系列、ケトースに属する単糖をケトース系列とよぶ。さらに、五炭糖のアルドースをアルドペントース、六炭糖のアルドースをアルドヘキソース、ケトースの場合は六炭糖をケトヘキソース、五炭糖をケトペントースとよんでいる。

④ 立体異性体

立体異性体とは、分子式が同じで構造式も同じであるが、官能基の立体的配置が異なるものをいう。グリセルアルデヒドでは、図表3―2のようにC_1位がアルデヒド基、C_3位がヒドロキシメチル基であるとき、水酸基はC_2位炭素の結合手の左右どちらかに結合することになる。そして、このC_2位に結合した水酸基の左右の違いにより、グリセルアルデヒドの物理・化学的な性質が異なってくる。グリセルアルデヒドのC_2位に単結合した官能基は、結合部位で自由に回転できる。そのため、C_2位炭素の結合手4つの内、2つ以上に同じ官能基が結合していると、回転しても立体的な構造は変わらないが、C_2位炭素の4つの結合手に別々の官能基がついた場合、回転するだけで官能基と官能基の位置の関係が変わるので、グリセルアルデヒドの立体構造は異なってくる。このようにC_2位の炭素のような炭素を不斉炭素とよび、単糖の立体異性体はこのような不斉炭素により生ずる。また、グリセルアルデヒドの場合、水酸基が不斉炭素の向かって右側に結合したものをD―型、左側に結合したものをL―型と定義し、水酸基が右側にあるグリセルアルデヒドをD―グリセルアルデヒド、水酸基が左側にあるものをL―グリセルアルデヒドとよんでいる。

一方、トリオース（グリセルアルデヒドとジヒドロキシアセトン）をはじめとする単糖では不斉炭素の数は、炭素数に比例して増加する。すなわち、アルドースの場合、炭素数をNとすると不斉炭素数（n）はN―2となる。ケトースではジヒドロキシアセトンには不斉炭素がなく、あるのはテトロース(四炭糖）以上であるので不斉炭素数(n)はN―3となる。

また、単糖の立体異性体の数は、不斉炭素数が増えれば2のn乗、すなわち$(2)^n$で増加する。たとえば、アルドヘキソースでは図表3―3のように不斉炭素の数が4個であるので立体異性体の数は$(2)^4$となり、理論上、16個の立体異性体の単糖が存在することになる。ケトースの場合は不斉炭素数がN―3であるのでケトヘキソースの立体異

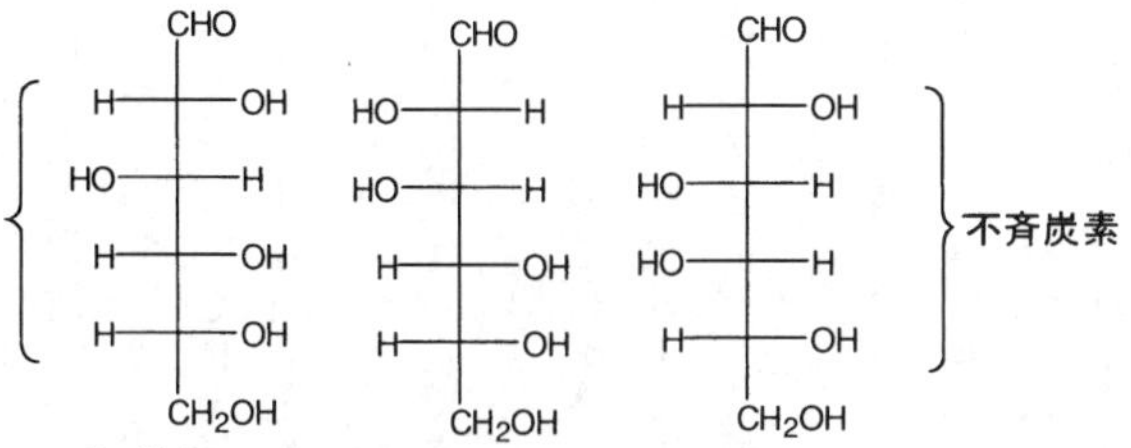

D-グルコース　D-マンノース　D-ガラクトース

注　：構造式の中にある複数のＨＯ＋Ｈで示されるところは、構造式を簡略化するため、＋の実線の交わる点に炭素（C）が省略されている。

図表３－３　不斉炭素と単糖の関係

性体の数は、理論上、$(2)^3$個、8個となる。

⑤ 鏡像異性体

たとえば、ヒトの左右の手は、掌同士を重ねれば左右の親指は重なり、ほかの指も同様となるが、右の掌と左の甲を重ねると親指は、小指と重なるように、中指を中心にまったく逆になる。これと同じように、単糖の不斉炭素同士の結合を中心として、不斉炭素に結合するすべての水酸基が左右にまったく異なった位置に結合している異性体を鏡像異性体という。これは、ヒトの右手を鏡に映すと鏡のなかでは左手に見えることからきている。アルドヘキソースのD－グルコースとL－グルコースは、鏡像異性体の関係にある。D－グルコースのC_2位、C_4位およびC_5位の水酸基は右側、C_3位が左側に結合しているが、D－グルコースの鏡像異性体であるL－グルコースはC_2位、C_4位およびC_5位の水酸基が左側、C_3位が右側に結合している。このように、鏡像異性体とは糖の場合、不斉炭素に結合する水酸基がまったく左右、逆に結合した化合物同士をいう。

⑥ 光学異性体

有機物の多くは、直線偏光を当てると透過した光の偏光面が左右に回転する現象、旋光性があり、これを光学活性があると称する。多くの固有の有機物には光学活性があり、同じ分子量で同じ化学構造をもっていても、回転する方向が異なる有機物であれば、それを光学異性体という。偏光面に対して時計方向に光が回転する化学物質を右旋性化合物および（＋）で示し、逆方向に回転する物質を左旋性化合物であるといい（－）で示す。

グリセルアルデヒドの立体異性体も光学活性があり、D型は右旋性で、L型は左旋性である。それゆえ、図表3―2のように右旋性をD―グリセルアルデヒド、左旋性をL―グリセルアルデヒドとし、グリセルアルデヒドのD型とL型を基準に、アルドースのD型・L型を決める。アルドースのヒドロキシメチル基に隣接する水酸基を向かって右に置いた場合にはD型、左の場合にはL型ということにしている。不斉炭素を多くもつアルドースでは、ヒドロキシメチル基に隣接する不斉炭素がD型であっても、それ以外の不斉炭素の影響により、見かけ上、光学的に左旋性を示すことがある。この場合にもD型とする。不斉炭素2～4個をもつアルドースの場合、グリセルアルデヒドのC_1位のアルデヒド基とC_2位の不斉炭素の間で不斉炭素が結合するので、最後のヒドロキシメチル基に隣接する不斉炭素の位置は変わらない。それゆえ、いずれの場合もグリセルアルデヒドのC_2位が右旋性であるか、左旋性であるかを基準に判断する。グリセルアルデヒドのC_2位が右旋性であれば、その系列のアルドースはすべてD型となり、逆に左旋性であればL型となる。

ケトースの場合、ケトテトロース（グリセロテトロース）を基準にして、D型とL型に分ける。ケトテトロースのC_3位の不斉炭素に水酸基を右側に置けばD型、左に置けばL型ということになる。不斉炭素2〜3個をもつケトースの場合、ケトテトロースのC_2位のケト基とC_3位の不斉炭素の間で不斉炭素が結合する。それゆえ、最後のヒドロキシメチル基に隣接する不斉炭素の位置は変わらないので、D—ケトテトロースを基準とするケトースでは、不斉炭素の数が増えて左旋性を示してもD型となり、逆に、L—ケトテトロースを基準とするものでは、すべてL型のケトースとなる。

一般にこのような場合、アルドースであってもケトースであっても旋光性を測定したとき、光が右に回転するものであれば（＋）で示し、左に回転するものであれば（−）と記す。たとえば、アルドヘキソースのグルコースの場合、C_6位のヒドロキシメチル基に隣接する不斉炭素に結合する水酸基が右側で、旋光度も右旋性であればD（＋）—グルコース、左に水酸基で旋光度も左旋性であればL（−）—グルコースとなる。ケトヘキソースのフラクトースも同様で、D—グリセロテトロースを基準とし、最後のC_6位のヒドロキシメチル基に隣接する不斉炭素に結合する水酸基が右側にあれば、フラクトースが左旋性を示してもD—フラクトースとなる。このときは左旋性であることを示すために、D(−)—フラクトースと記す。

自然界では、普通に考えれば、D型とL型が同量ずつ、すなわち、アルドヘキソースは16個、ケトヘキソースは8個の単糖が存在するはずであるが、実際には、L—型の糖はほとんど存在せず、ほとんどがD—型である。そのため、自然界における実際の単糖の数はこの理論上の数よりもずっと少ない。

(4) 単糖の構造式

① 鎖状構造と環状構造

単糖の構造には単糖が置かれた状態により、鎖状である場合と環状である場合があり、鎖状構造か、環状構造かの違いにより物理・化学的特性が異なってくる。図表3―3で示した鎖のような鎖状構造だけでは、単糖の化学的・物理的な特性を説明するのは難しく、単糖が環状構造をとっていると考えなければ説明できないことが多くある。そこで、多数の環状構造が提案されているなかで、単糖の環状構造として現在、よく利用されている Haworth 式について解説する。

単糖の Haworth の環状構造は、図表3―4のように六員環のピランと五員環のフランを基本に六員環をピラノース、五員環をフラノースと称する。たとえば、六員環のD―グルコピラノースでは、図表3―5(左)に示したように、鎖状構造のC_1位のアルデヒド基の炭素とC_5位の水酸基の酸素が結合して図表3―5(右)のように、六員環を形成する。一方、五員環のD―グルコフラノースは、鎖状構造(図表3―5(左))のC_1位のアルデヒド基の炭素とC_4位の水酸基の酸素が結合して、図表3―5(右)のように五員環となる。

ケトースのD―フラ

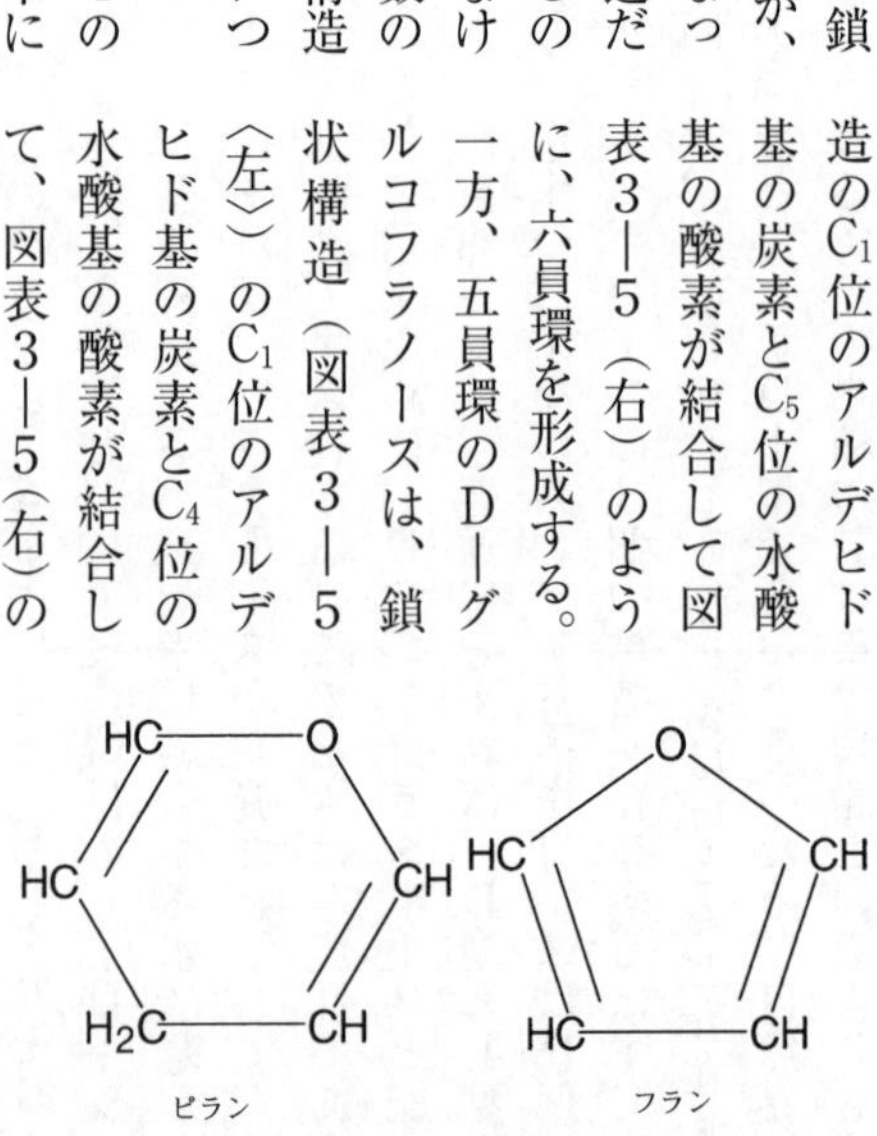

図表３－４　糖の基本の環状骨格

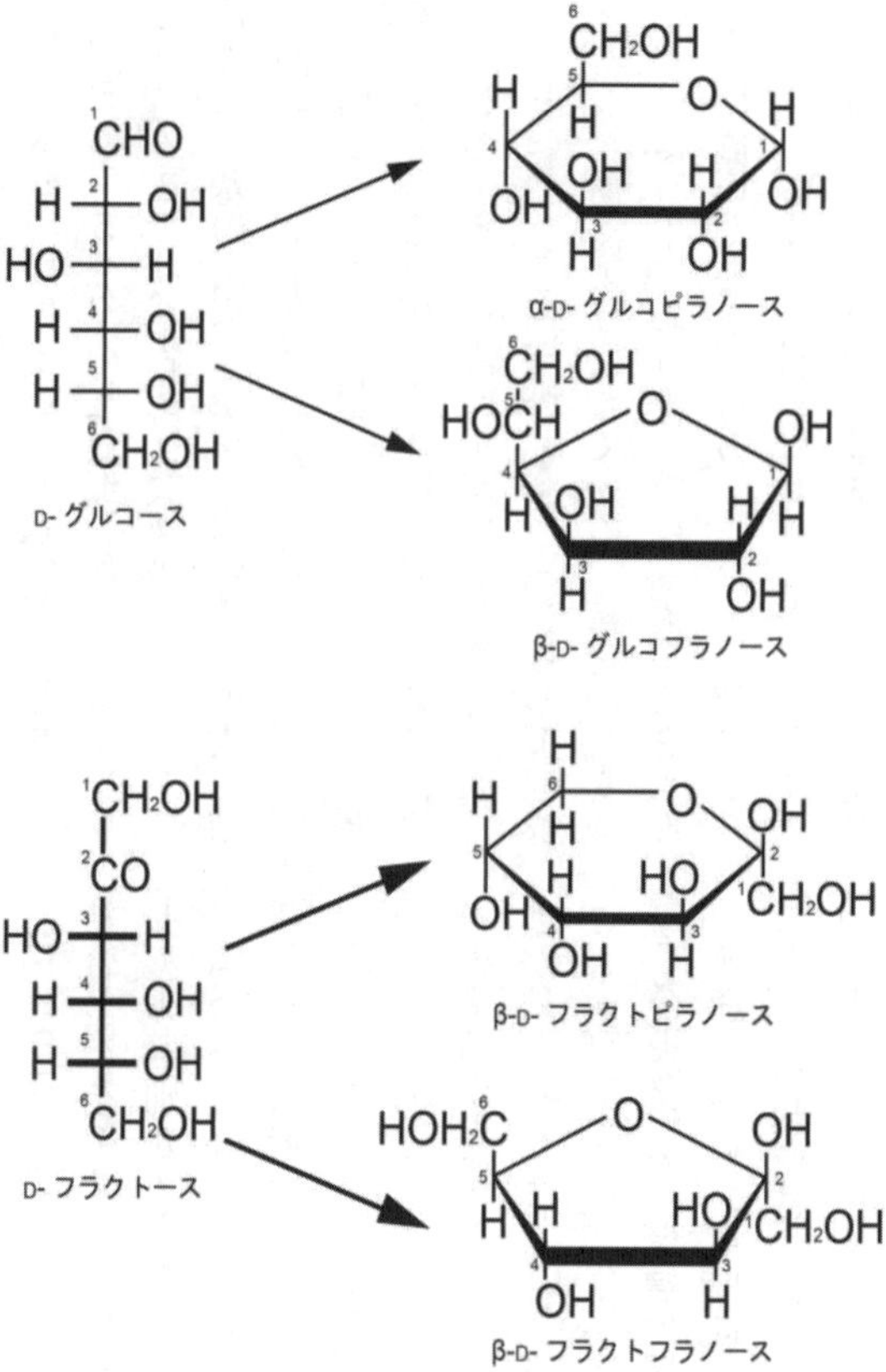

注　：構造式の中にあるやのところは、線の交点に炭素があり、さらに、式を簡略化するため、炭素 C に結合した -OH や $-CH_2OH$ の反対側は示されていない。この場所に結合しているのは水素（H）である。

図表３－５　グルコースとフラクトースの各種の化学構造

クトフラノースでは、図表3―5（左）の鎖状構造のC_2位のケト基の炭素とC_5位の水酸基の酸素が結合して図表3―5（右）の五員環を作る。D―フラクトピラノースでは、鎖状構造（図表3―5〈左〉）のC_2位のケト基の炭素とC_6位の水酸基の酸素が結合して図表3―5（左）の六員環を形成する。

また、Haworthの六員環の環状構造では、単糖の構造をできるだけ、立体的に表すために図表3―5（右）のように炭素同士が結合した線を太く（▌）したり、あるいは◣のようにして立体のイメージが湧くようにしている。結合が◣で示されているD―グルコースでは、構造式を平面なところに置いたとき、後方（C_1位とC_4位）から手前（C_2位とC_3位）に斜めにせりあがることを意味し、C_2位とC_3位の結合（▌）では、環状構造のなかで一番手前に平行してあることを意味している。

Haworthの環状構造には欠点として、C_5位に結合した水酸基の位置がわかりづらいこと、D型、L型の区別ができないこと、セミアセタール環（＞HC-O-CH＜）の結合角度は111度であるが、Haworthの環状構造にはこのことを考慮されていないこと、などの短所がある。しかし、これらの欠点があるにせよ、Haworthの環状構造は単糖の構造が非常にわかりやすく、かつ、多数の単糖が結合したオリゴ糖や多糖を簡潔・明瞭に表すことが可能であるため、よく利用されている。

②水溶液中での単糖の構造

普通、大部分の単糖は、水溶液中では鎖状構造ではなく、環状構造で存在している。たとえば、水溶液中のD―グルコースは、D―グルコピラノースがほとんどで、D―グルコフラノースは不安定のため、存在していない。他方、D－フラクトースでは、D－フラクトフラノースが28～31・６％で、残りはD－フラクトピラノースの形で存在している。

(5) 変旋光と光学異性

① α型とβ型

水溶液中のアルドピラノースは、図表３－５のようにC_1位の炭素がC_5位の水酸基の水素と結合し、C_1位の炭素に水酸基が生ずると同時に環状となり、C_1位の炭素は不斉炭素となる。このため、水酸基のつく場所により光学異性が生ずる。一方、ケトフラノースでは、ケト基のC_2位の炭素とC_6位の水酸基の酸素と結合するとC_2位に水酸基が生ずるため、C_2位が不斉炭素となる。これによりアルドピラノースと同様、水酸基のつく場所により光学異性が生ずる。これはアルドフラノース、ケトピラノースも同様である。

C_1位あるいはC_2位の不斉炭素は、光学異性を生じることで旋光角度の異なるα型とβ型を生ずる。たとえば、α型がプラス１１１度であるのに対し、β型がプラス19度である。D－フラクトフラノースではα型がマイナス64度、β型がマイナス１３４度である。この光学異性をHaworth式で示すと、図表３－５（右）のようにD－グルコースのα型ではC_1位が、あるいはD－フラクトースのα型ではC_2位の水酸基が下向きで、β型は上向きである。このことはアルドースやケトースのフラノースあるいはピラノースでも同様である。

② 変旋光

単糖などを水などに溶かして放置すると、時間の経過とともにアルドースのC_1位あるいはケトースのC_2位の水酸基の結合方向が変わり、同時に比旋光度も変わり、最終的にα型とβ型の存在割合がある割合で平衡となる。この現象は変旋光とよばれる。たとえば、α―D―グルコースを水に溶かした場合、溶かした直後には比旋光度がプラス111を示すが、時間とともにプラス19のβ型へと変化し、やがてプラス52のところで一定となる。このような現象を指している。

なお、α型とβ型の平衡割合は温度でも変わる。20度のとき、D―グルコースはα型が31・1～37・4％、β型が64・0～67・9％であり、D―フラクトースではα―D―フラクトピラノースが4・0％、β―D―フラクトピラノースが68・4～76・0％、β―D―フラクトフラノースが28・0～31・6％となる。

2 砂糖と蔗糖

(1) 砂糖とは

砂糖というと、人によってはただ単に「甘いもの＝すなわち砂糖」と受け取ることもあり、甘味料としての砂糖について、その認識はあいまいである。そこで、砂糖とは何か、そのことを明確にすることにする。

砂糖とは何か、岩波書店刊『広辞苑第四版』によると、「砂糖とは蔗糖（しょとう・スクロース）の通称名で、工業的に甘蔗やてん菜などから製造された蔗糖をいう。蔗糖は植物の光合成により合成される糖質の仲間で甘味が強く、水に溶けやすい白色の結晶」ということになる。さらに、砂糖とはグラニュー糖や黒糖のように、工業的な方法で製

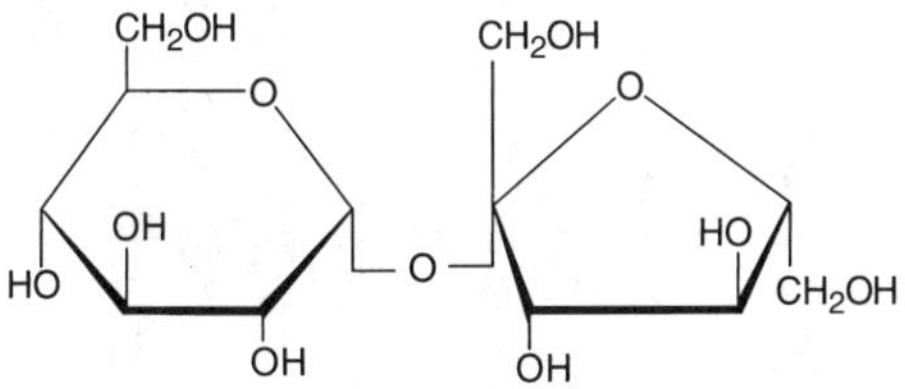

図表３－６　スクロース（蔗糖）の構造

造され、かつ、その砂糖のなかに蔗糖以外の成分も多く含み、その成分がその砂糖、たとえば、黒糖や車糖のように、味や見た目、テキスチャーを特徴づけているものであれば、それを含めて砂糖であるとしている。

　また、砂糖に関するパンフレットや資料のなかには、蔗糖やそれ以外の成分について「グラニュー糖は不純物の少ない純粋な砂糖であり」とか、「黒糖には灰分のような成分が多く含まれ」などの記述が出てくる。ここでいう「純粋な砂糖であり」とは「砂糖＝蔗糖」と解し、グラニュー糖は蔗糖以外の成分が非常に少ないことを意味する。さらに「グラニュー糖は不純物の少ない」とは、グラニュー糖の成分は蔗糖だけで、それ以外の成分は不要であるので、この不要な成分を「不純物」と表現している。一方、「黒糖には灰分のような成分が多く含まれ」というときの「成分」とは黒糖を特徴づけ、この成分を含まなければ黒糖ではないと思われる蔗糖以外の成分を指している。上白糖の「しっとり」感を出す還元糖や水分もこれに当たる。

(2) スクロースの構造

　スクロースは図表3―6に示したようにヘテロジサッカライドに属し、D―グルコースとD―フラクトースがグリコシド結合したもので、正式にはα―D―グルコピラノシル―（1→2）―β―D―フラクトフラノシドと命名されている。スクロースは化学構造から明らかなように、還元性をもたない物質であり、したがって、アノマーの水酸基は保護され、酸化されない。それゆえ、化学的に、ほかの単糖やオリゴ糖に比較して安定である。甘味についてもグルコースのC_1位とフラクトースのC_2位がグリコシド結合しているため、温度によりα型とβ型が変わることができないので甘味度は変わらない。

3　光合成とスクロース

(1) スクロースの光合成

でん粉と同様、スクロースは植物細胞内の葉緑体により光合成される。この葉緑体はクロロフィルが存在するチラコイドとチラコイド以外のストロマからできている。

最初、チラコイドでは光エネルギーでクロロフィルを活性化し、図表3―7のように水を分解して水素イオン（図表3―7の反応1）を生成する。水素イオンはNADPを還元してNADPH+Hを生成する。同時に活性化したクロロフィルが光エネルギーでADPからATP（図表3―7の反応3）を合成する。生成したNADPH+HとATPは、ストロマに移動し、二酸化炭素、NADPH+H、ATPを用いて糖の誘導体、ジヒドロキシアセトンリン酸（DHAp）を合成する。作られた糖の誘導体DHApは細胞質に移動する。この経路をカルビン・ベンソン回路（カルビン回路）とよぶ。ついで、葉緑体から細

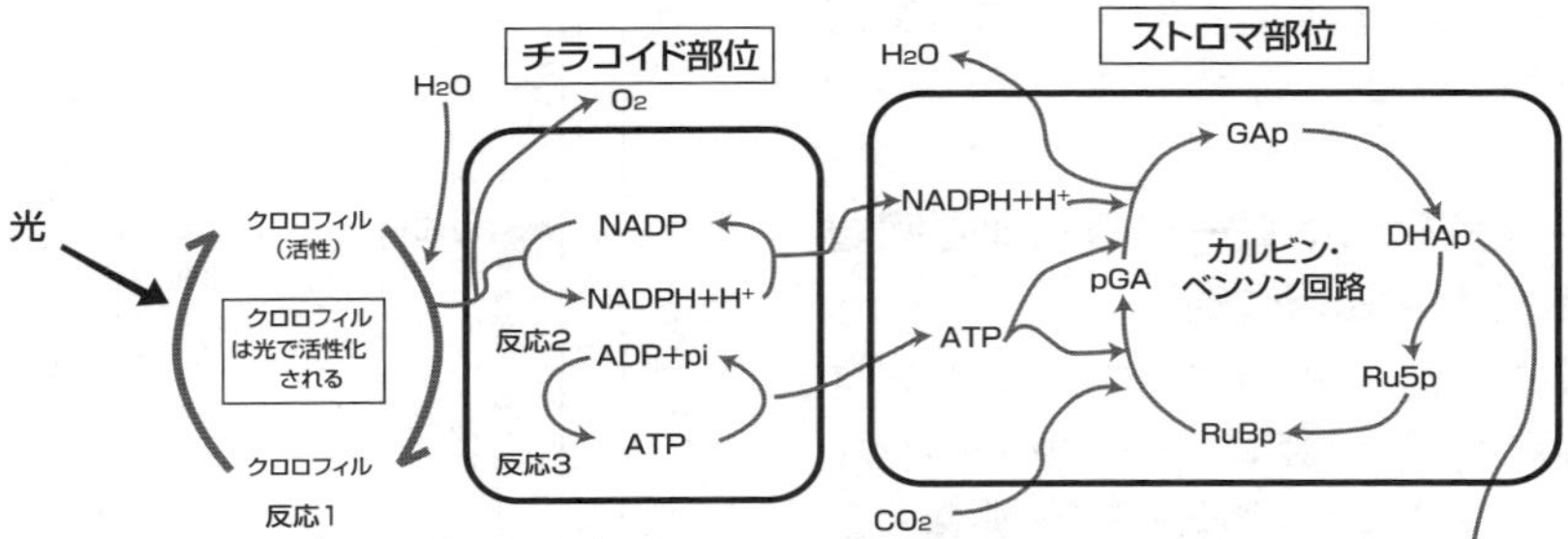

NADP;ニコチン酸アミドアデニン
ジヌグレオチドリン酸
ATP:アデノシン3リン酸
pGA:ホスホグリセリン酸
GAp:グリセルアルデヒドリン酸
DHAp:ジヒドロキシアセトンリン酸
Ru5p:リブロース5リン酸
RuBp:リブロース1，ジリン酸
FBp;フラクトース1，6ジリン酸
F6p:フラクトース6リン酸
UDpG:UDPグルコース
SpS:シュクロースリン酸
Pi:リン酸

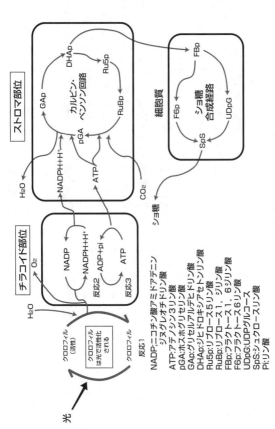

図表3－7　光合成とスクロース

胞質に移送されたDHAp はスクロース合成経路でスクロースを合成する。

(2) 甘蔗とてん菜のスクロースの光合成回路

① C_4 植物としての甘蔗の光合成

一般に熱帯系の植物、たとえば、甘蔗、トウモロコシ、ソルガムなどは、二酸化炭素を効率よく糖の合成に利用するために、二酸化炭素を濃縮・貯蔵し、強い光と高温を利用して、糖を効率的に合成する、図表3—8のようなハッチ・スラック回路（C_4—ジカルボン酸回路）をもっている。ハッチ・スラック回路をもつ植物は、C_4 植物とよばれ、この回路をもたない普通の植物、C_3 植物と区別している。C_4 植物は葉緑細胞の葉緑体に、二酸化炭素を取り込み、炭酸イオン（HCO_3^-）にしてホスホエノールピルビン酸と反応させ、オキザロ酢酸にする。さ

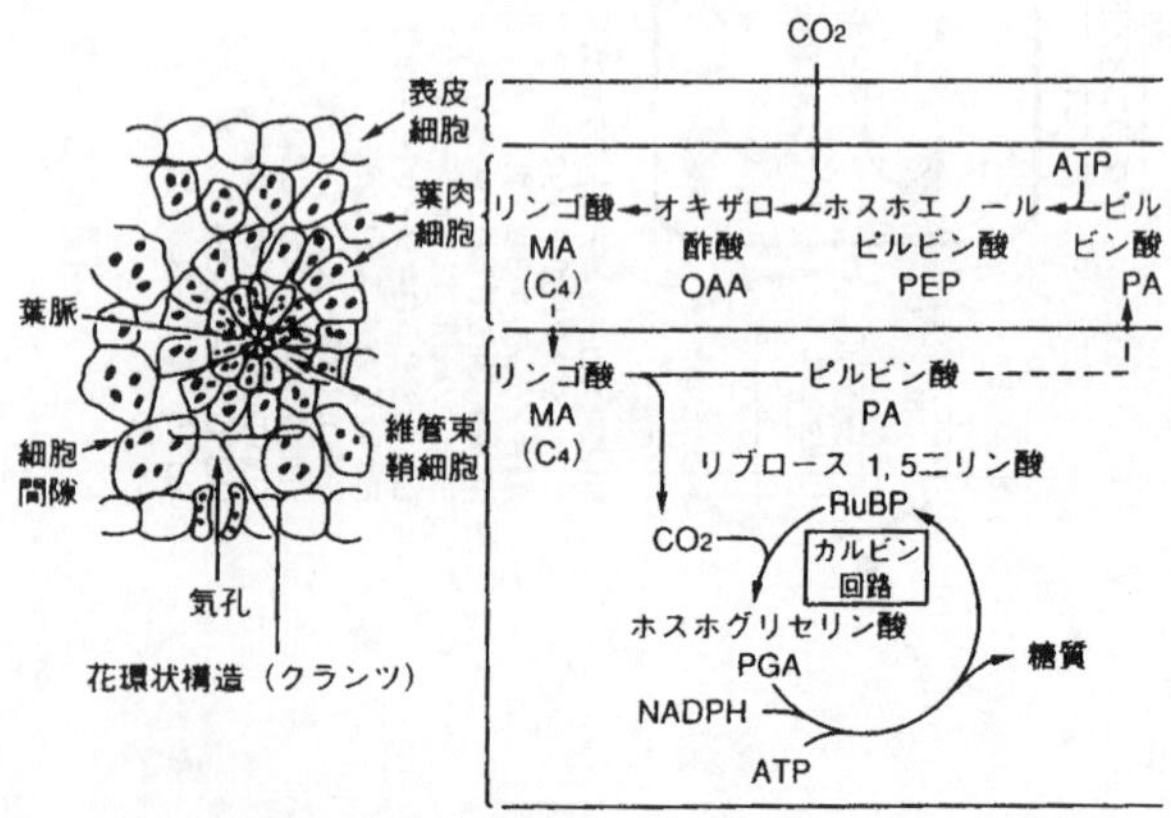

資料：朝倉書店「砂糖の科学」

図表3－8　C_4 植物のスクロースの合成経路（ハッチ・スラック回路とカルビン・ベンソン回路との関係）

らに、オキザロ酢酸からリンゴ酸を合成する。このリンゴ酸は葉緑細胞から維管束細胞の葉緑体にあるカルビン・ベンソン回路に二酸化炭素を放出し、糖の合成を助ける。それゆえ、強い光と高温の条件下にあると、C_4植物は効率的な光合成を可能にする。たとえば、葉面積10㎡であると、C_4植物では一時間当たり二酸化炭素60～80㎎を利用するが、C_3植物では20～40㎎である。代表的なC_4植物である甘蔗は、このことから、強い光と高温により非常に効率よくスクロースを合成することができる。

② C_3植物の光合成―てん菜

一方、C_3植物は図表3―7のように、光合成回路としてカルビン・ベンソン回路だけしかもっておらず、葉緑細胞で糖を合成する。C_3植物の糖の合成能力はC_4植物に比較して高くはない。しかし、C_3植物は弱い光の地域ではC_4植物よりも効率的に糖を合成することができる。てん菜は代表的なC_3植物であるが、C_3植物のなかでも光合成の能力が高い植物として知られている。

(3) 光合成と糖の役割

植物における光合成の役割を糖の合成という観点からではなく、別の観点からみると、太陽のもつ光エネルギーを糖という形に置き換え、植物をはじめとする生物の生存に必要なエネルギーを供給する役目であるとみることができる。生物にとって光合成で生成した糖は、人類が現在、エネルギー源として依存する石油や石炭(この化石燃料も生物起源ではあるが)と同様のものなのである。

4 スクロースの物理的性質

(1) 融点

スクロース結晶の融点は一定でなく、160〜191度の範囲にある。この原因については、結晶内部に取り込まれた極微量の不純物の影響もあるが、それ以外に結晶構造の違いに由来することが、最近の研究で明らかとなってきている。結晶構造のスクロース分子間の結合（水素結合）には、強い結合（優位コンフォメーション）と弱い結合（非優位コンフォメーション）がある。強い結合では高い融点をもち、弱い結合では低い融点をもっているため、結晶構造のスクロース分子間の結合の割合が融点を決める主因であり、強い結合と弱い結合の割合は、晶析時の状態により変わると考えられている。

(2) 密度とかさ密度

① スクロース結晶の密度

密度には体積密度、面密度または線密度があり、一般的には物質1㎥当目たりの質量（kg）で表される体積密度を指し、単位はkg/㎥である。今まで広く使われてきた比重に代わり、最近ではもっぱら密度が用いられている。

スクロース結晶の密度は、温度が低いほど高く、高温になれば低下する。たとえば、0度のときには1590.5 kg/㎥であるが、それが10度になると1588.7 kg/㎥となり、さらに25度のときには1586.2 kg/㎥となる。アモルハスの場合には15度のとき、1507.7 kg/㎥である。

② スクロース液の密度

スクロース液の密度は、次式より求められる。スクロースの密度ρを図表3—9に示す。

$$\rho(c,t)=\rho_w(t)+a_{0,1}\cdot C+a_{0,2}\cdot C^2+a_{0,3}\cdot C^3+a_{1,4}\cdot C^4$$
$$+(a_{1,1}\cdot C+a_{1,2}\cdot C^2+a_{2,3}\cdot C^3)\cdot\tau$$
$$+(a_{2,1}\cdot C+a_{2,2}\cdot C^2+a_{2,3}\cdot C^3)\cdot\tau^2$$
$$+(a_{3,1}\cdot C+a_{3,2}\cdot C^2+a_{3,3}\cdot C^3)\cdot\tau^3$$
$$\tau=(t-20℃)/(100℃)$$

このとき、Ｃは20度における質量濃度（g/㎤）、tは温度（℃）である。また、ρ（kg/㎥）はスクロース水溶液の密度で、$\rho_w(t)$はKellの式より求めた水の密度である。

③固形砂糖のかさ密度

通常、固形の砂糖は、結晶の粒径が種類により異なり、同じ砂糖でも密度は変わる。したがって、固形の砂糖ではかさ密度が用いられ、単位体積当たりの重量で示される。かさ密度の測定方法とし

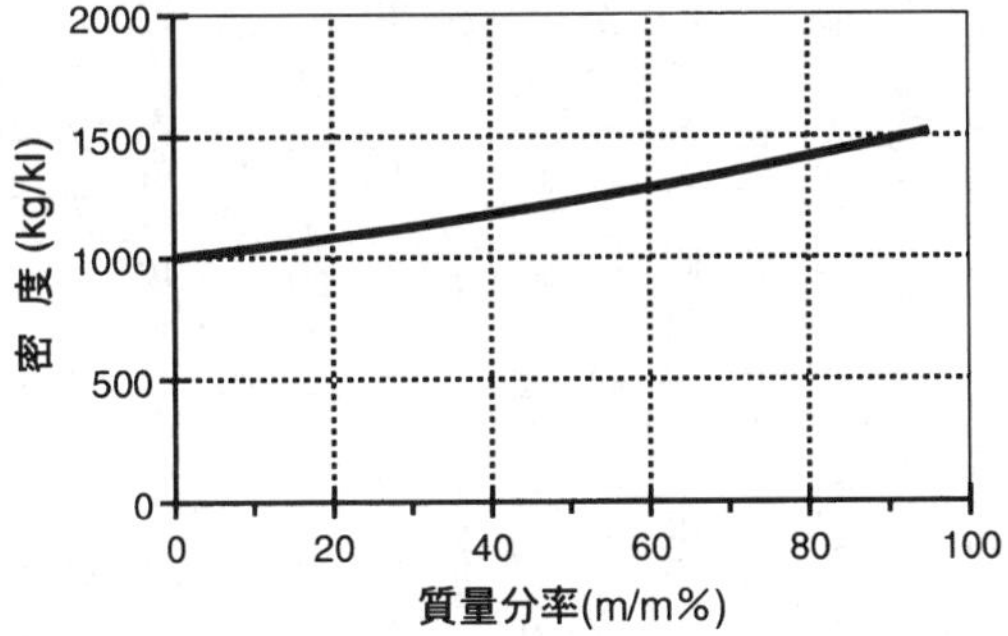

資料：ICUMSA Publications「ICUMSA Method Book 1994」

図表３－９　スクロース溶液の密度

ては、一般的に一定の物質を容器に入れ、一定の条件下で充填し、その占める体積と重量を測定して求める。JIS規格では物質の種類により、体積方法やすりきり方式が決められている。

固形の砂糖のかさ密度は、一般的に平均粒径が小さいほど低下する。たとえば、白双糖では平均粒径2・25㎜であると、0.8655g/㎤であり、それが平均粒径0・51㎜のグラニュー糖になると0.8344g/㎤で、平均粒径0・37㎜のグラニュー糖では0.6972g/㎤となる。上白糖や三温糖はさらにかさ密度が低く、各々0.590g/㎤と0.5981g/㎤である。

(3) スクロース液の屈折率と固形分含量

スクロース液の屈折率は、Snellの法則にしたがい、標準条件（20度、1013.25m bar・相対湿度50%）下で測定して、空気と液との屈折から導く。ガラスプリズムとナトリウム光線を用いて、空気とスクロース液との間の臨界角を測定する。この測定で得た臨界角を基準にして、屈折率の目盛とスクロース量の目盛を求める。

スクロースなどの固形分含量の測定には現在、Abbe屈折計や液浸屈折計などが用いられている。純粋な既知のスクロース、D―グルコース、D―フラクトース、還元糖などの溶液に対し、その屈折率の測定から該当する糖の正確な乾燥固形分を得ることができる。屈折率から求めたスクロース液の固形分は長年、製糖業界で使用されてきた単位であるレフ・ブリックス(Ref Brix)で示される。しかし、ICUMSAではブリックス（Brix）の用語の使用を止めるように勧告しており、その代わりとして屈折率より求めた固形分含量にレフ乾燥固形分含量（RDS%）を用いるよう勧めている。

(4) 溶解

① 溶解性

スクロースは水、アニリン、ピリジン、酢酸エチル、酢酸アニル、フェノール、液状アンモニア、アルコール／水混合物、アセトン／水混合物に可溶で、ベンゼン、ケロシン、クロロホルム、四塩化炭素、二硫化炭素、エタノールなどには不溶である。

スクロースは高温ほど溶けやすく、かつ、結晶に亀裂などがあり、結晶粒径が小さければ、より溶けやすい。溶解のための活性化エネルギーは、23.849kj/molで、溶解作用の律速は拡散である。スクロースの溶解に対する共存物質の影響は、無機塩の場合、イオン半径が小さいものほど、スクロースの溶解速度を減少させる。たとえば、アルカリ金属ではリチウムイオン＞ナトリウムイオン＞カリウムイオンの順にスクロースの溶解速度が減少する。

② 水への溶解

溶媒が溶質と共存し、平衡に達している場合の溶液を飽和溶液といい、このときの溶質の濃度を飽和濃度という。さらに、溶質が溶媒に溶けた状態により過飽和、飽和、不飽和に分けられる。スクロースの場合、その飽和度βは、

$$\beta = C/Co$$

となり、与えられた温度のとき、Cはスクロース濃度、Coは飽和濃度である。βの値が1であれば飽和、1未満であれば不飽和、1以上であれば過飽和となる。たとえば、20度での飽和溶液では、

水に溶解したスクロースが66・72g／100gであり、このときの飽和度は1・00となる。一方、溶解したスクロースが65・43gであれば飽和度は0・98で不飽和となる。反対にスクロースが68・29g溶解したならば、飽和度は1・023で過飽和となる。

スクロース液の飽和濃度は、溶質が固体の場合、温度のみの関数となる。固体であるスクロースの飽和濃度wはtを温度とすると、次の式より求められる。

$$w=64.447+0.08222t+0.0016169t^2+0.00001558t^3+0.0000000463t^4$$

圧力を一定にして、温度を変化させたときの飽和濃度の変化を示した図表3―10のような曲線を

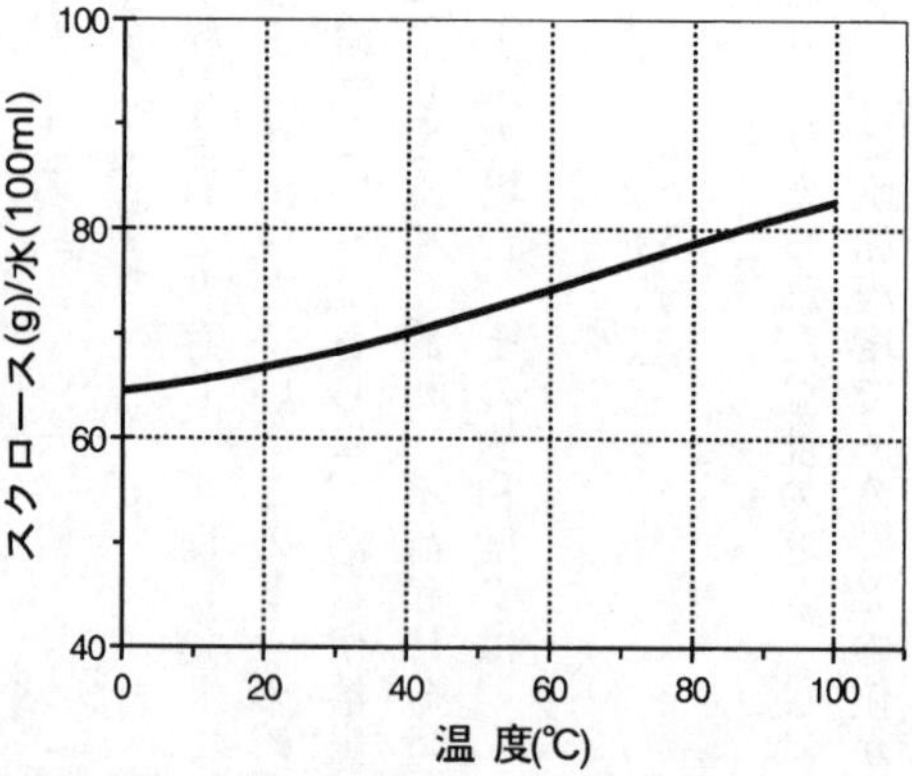

資料：ICUMSA Publications「ICUMSA Method Book 1998」

図表3－10　水に対するスクロースの溶解度曲線

溶解度曲線とよんでいる。

(5) スクロース液の沸点上昇と氷点降下

① 沸点と沸点上昇

一定圧力のもとで液体を加熱すると、一定温度に達したとき、液表面から蒸発や液内部から気化が起こる。この蒸発や気化した状態を沸騰といい、沸騰が起こる温度を沸点とよび、一気圧で純水では、100度に相当する。純粋な液の一定圧力における沸点は固有の物質定数であるが、溶液中に溶解した成分の組成や濃度が変わると、その変化に応じて沸点は変わる。このことを沸点上昇といい、ある溶媒に不揮発性の溶質が溶け込むことで、溶液の沸点が上昇する現象である。溶液の濃度が希薄であるという条件下で、沸点上昇の値ΔT_bは、次のようになる。

$$\Delta T_b = K_b m$$

このとき、mは溶液の重量モル濃度、K_bはモル沸点上昇定数である。式から明らかなように沸点は溶質の物質量（モル）に比例して上昇するので、どのような物質が溶けていようと、モル濃度が一定であれば上昇する温度は同じである。しかし、溶けた物質の濃度でみた場合、沸点の上昇は溶質の分子量に反比例するので、糖の場合D―グルコース、D―フラクトースの方が分子量は小さいために、同じ濃度ではスクロースより沸点は高くなる。

スクロース液の沸点上昇は、図表3―11に示したように、濃度50㎜％では101・8度、60㎜％では103・0度、さらに80㎜％となると109・4度となる。

② 氷点（凝固点）と氷点（凝固点）降下

物質が液相から固相に変わる現象を凝固という。

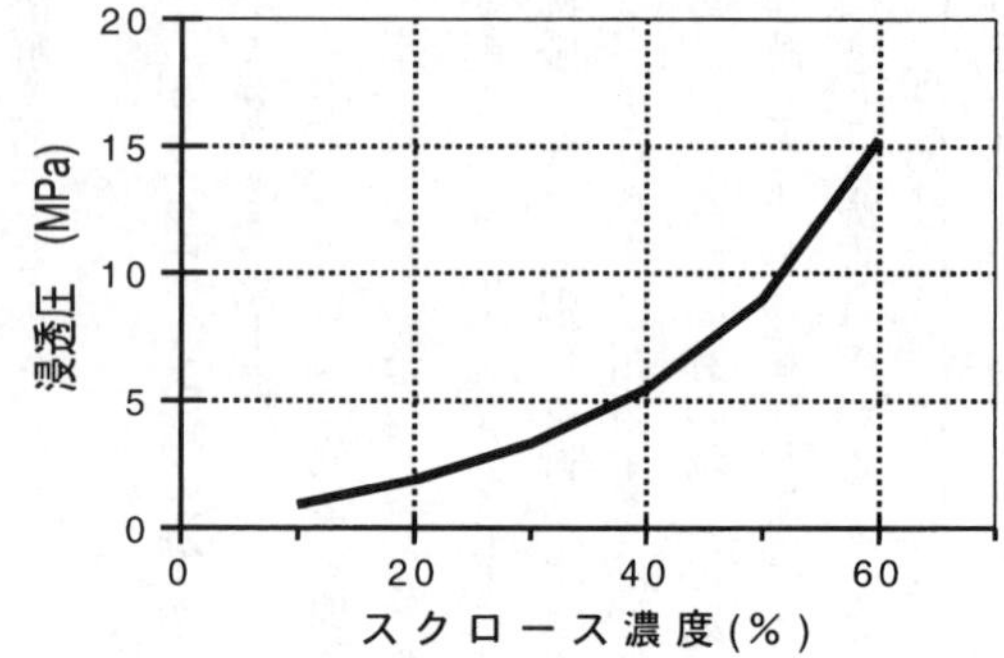

資料：Bartens「Sugar Technologist Manual」
注　：温度条件は20℃に設定。

図表３－11　スクロース液の浸透圧

一定の圧力のもとで液相状態の物質が固相と平衡に保つときの温度を凝固点および、融点と一致する。このとき、水ではこの凝固点を氷点といい、一気圧で0度に相当する。この凝固点（氷点）の温度は、溶質が溶媒に溶け込むことで低下するが、この現象を一般的に凝固点降下といい、水溶液の場合には氷点降下という。凝固点降下の値ΔT_mは溶液が希薄であるという条件下では、次の式で表される。

$$\Delta T_m = -iK_f m$$

このとき、mは溶液の重量モル濃度、iはファント・ホッフの係数、K_fはモル凝固点定数である。式から明らかなように、凝固点は溶質の物質量（モル）に比例して低下するので、どのような物質が溶けていようと、モル濃度が一定であれば低下した凝固点の温度は同じである。しかし、溶けた物質の濃度でみた場合、凝固点降下は分子量に反比例するので、糖ではスクロースより分子量の小さいD

—グルコースとD—フラクトースは、同じ濃度の水溶液の場合、スクロースよりも氷点が低くなる。

スクロース液の場合、濃度と氷点降下の関係をみると、スクロースの濃度が10㎜%では氷点は、マイナス0・63度となり、20㎜%ではマイナス1・49度、40㎜%となると、マイナス4・58度となる。

(6) 浸透圧

スクロース液のような非電解質で希薄溶液の場合、浸透圧は溶質のモル濃度に比例する。したがって、溶質のモル濃度C、絶対温度T、気体定数Rとすると浸透圧πは、

$$\pi = CTR$$

となり、浸透圧πは、溶媒中の溶質の量と溶質の分子量により決まることになる。このとき、スクロース液の場合、温度は浸透圧に対して強い影響を与えないが、濃度は浸透圧に対して強い影響を与える。図表3—11のように液温20度でスクロース濃度が10㎜%のとき、浸透圧は0.89Mpaであるが、40㎜%の濃度になると5.46Mpaとなり、さらに60㎜%の濃度では15.30Mpaとなる。

(7) 砂糖の吸湿性と固結との関係

① 平衡相対（関係）湿度

物質の蒸気圧と雰囲気の蒸気圧との関係から、普通、砂糖は砂糖の蒸気圧が低ければ吸湿が起こり、高ければ放湿が起こる。しかし、砂糖の蒸気圧と雰囲気の蒸気圧を変化させていくと、砂糖が吸湿も放湿も起こさなくなるところがある。ここを平衡相対湿度あるいは平衡関係湿度とよび、雰囲

気の蒸気圧で示すと平衡湿度、砂糖の蒸気圧で示すと平衡水分量となる。グラニュー糖の結晶では、22度で雰囲気中の水分が88%のときを境に、これ以下では放湿が起こり、これ以上になると吸湿が起こる。この雰囲気中の水分88%が平衡相対湿度である。平衡相対湿度Hは、砂糖の平衡水分量をM_E、還元糖Iとすると、次の回帰式で示される。

$$H = (M_E - 0.2430I + 0.6782) / 0.01748$$

すなわち、還元糖が多いと平衡相対湿度は、低下し、平衡水分量は上昇する。たとえば、砂糖中の還元糖含量が0・1、1・0、2・0%であると、平衡相対湿度は、それぞれ85・0、81・0、75・5%となる。また、平衡相対湿度は、結晶中に存在する無機塩によって影響を受け、無機塩の含量が多いほど低下する。

② 固結

結晶表面が蜜膜で覆われている砂糖結晶は、雰囲気中に置かれると、平衡相対湿度の値を境にして吸湿と放湿を繰り返す。吸湿が始まると、吸収された水分により、砂糖結晶表面の蜜膜の濃度が低下し、砂糖が飽和状態になるまで溶け出す。一方、放湿が始まると、蜜膜の水分が蒸発し、蜜膜の砂糖濃度が過飽和となり、微細な結晶が析出し、周りの結晶とともに固まる。このため、砂糖は大きなかたまり状となり、固結が発生する。還元糖含量の多い車糖は、とくに固結が発生しやすい。

平衡水分量M_E、水分M_O、還元糖Iとすると、次の式から固結の程度Dを予測することができる。

$$D = (M_O - M_E) / I$$

固結は結晶の大きさや砂糖中に含まれる共存成分や、その種類などにより影響を受けるが、砂糖の固結のもっとも重要なファクターは平衡相対湿度である。

5 砂糖の化学的性質

(1) 砂糖の加熱による変化

① 砂糖液の加熱過程での形状の変化

砂糖液は加熱の強弱により、加熱過程での形状が変わる。たとえば、砂糖液を強火で煮詰めていくと、100度以上で徐々に泡立ち、120度付近から粘性が現れる。その後、140度あたりから徐々に黄色になり、さらに加熱されると褐色に変化し、200度以上で炭化する。

一方、常温で固形の砂糖に少量の水を加え、砂糖が完全に溶けない状態の液をかく拌しながらゆっくりと加熱すると、温度が上昇するにつれ砂糖が溶解し、最後に完全に溶解する。さらに加熱を続けると、110度付近で泡立ち（沸騰）が始まり、125度℃あたりになると、水が蒸発して砂糖の結晶が析出する。さらに加熱すると砂糖の結晶が溶融し始め、145度あたりで不透明となり粘度が上がる。160度あたりになると、砂糖液は透明となり、粘度が低下して着色が進み始める。

また、加熱した砂糖液をすぐに冷却すると、加熱115度付近までの加熱物は水に溶けるが、それ以上の温度までの加熱物は、水の中で玉になり始め、加熱温度の上昇にともない、硬い玉となる。140～160度付近では、加熱物は飴状となり、糸を引くようになる。180度あたりからは固まらなくなり、加熱物が水に溶けるようになる。

② 褐変と褐変現象

生鮮食品や加工食品では、貯蔵や調理・加工により、黄色または褐色を帯びてくることが多い。この現象を褐変といい、この一連の変化を褐変現象あるいは褐変反応とよんでいる。褐変には酵素的褐変と非酵素的褐変がある。

酵素的褐変とは、たとえば、リンゴの切片を空気中に放置しておくと、ポリフェノール（クロロゲン酸）にポリフェノール酸化酵素が作用して、褐変物質を生じ、切片面が茶色に変色したりする現象である。一方、非酵素的褐変にはカラメル化やメイラード反応がある。砂糖液を加熱したり、あるいは固形の砂糖、たとえば、上白糖のような砂糖を空気雰囲気下に長期間放置しておくと、薄茶色からやがては薄褐色となるが、これがカラメル化あるいはメイラード反応による褐変反応である。

③ カラメル化

固形の蔗糖やブドウ糖、果糖を空気雰囲気下に長期間放置しておくと褐変するが、その褐変について温度との関係をみると、着色がほとんどない蔗糖やブドウ糖に比べ、果糖は55度以下でも褐色の程度が明らかに高くなる。温度を上昇させたり加熱時間を長くしたりすると蔗糖、ブドウ糖、果糖の色調の違いはさらに大きくなる。蔗糖と還元糖を比べると、褐変反応は還元糖の方が早く進行する。また、グラニュー糖と上白糖の褐変では、還元糖を含む上白糖の方が、より早く進行する。

一方、スクロース液の場合、図表3—12のように電子レンジで加熱すると、温度の上昇と共にpHが低下して着色が強くなる。このとき、スクロースはpHの影響で分解して還元糖を生成すると同時にアノマー化、異性化、分子間・分子内の脱水反応、分子間・

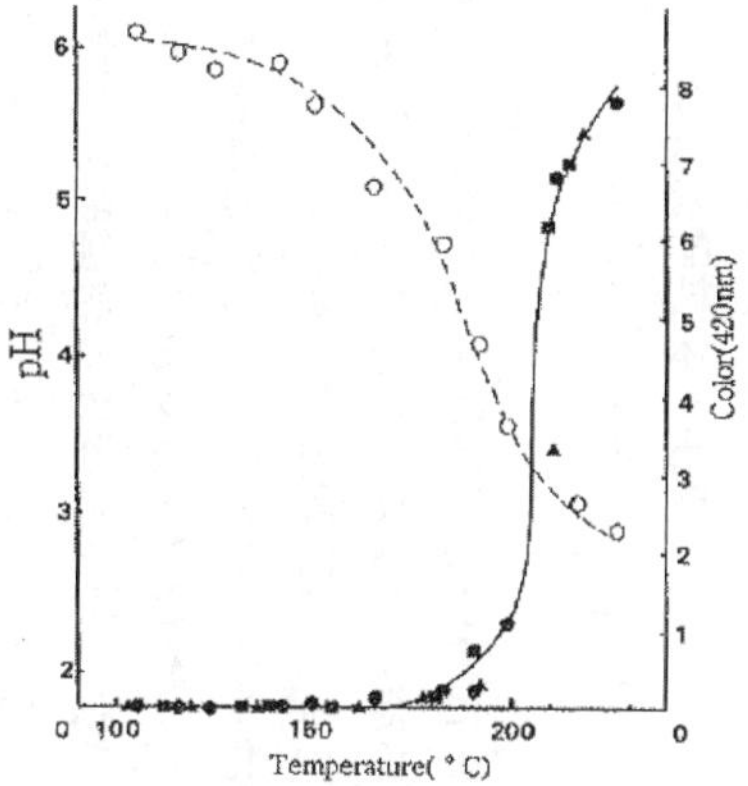

----------pH ———— 着色度（波長420nm）×10 3
スクロース液の濃度；■ 72.7m/m%、● 62.5m/m%、
▲ 50.0m/m%、

資料：「精糖技術研究会誌」44,15～21(1996)

図表3－12
電子レンジ加熱によるスクロース液のpHと着色の変化

分子内のグリコシル転移などか進行し、これらの反応と並行して着色物質を生成する。たとえば、着色は160度付近から始まり、195～200度で黄褐色、200度を超えるとカラメル色となる。

④ メイラード反応

アミノ・カルボニル反応ともいい、アミノ酸などの含窒素化合物を含むスクロース液を加熱したりすると、含窒素化合物と反応して黄色から茶色に着色する現象である。スクロースは加熱や酸によって結合が切れ、還元糖が生成する。この反応では、カラメル化と同様、生成した還元糖のカルボニル基とアミノ酸やたん白質などのアミノ基の間で重合や縮合などが起こり、褐変物質を生成する。この反応は非常に複雑で、最終生成物は化学構造がまだ明らかにされていない褐色の含窒素化合物、メラノイジンである。糖蜜や醤油から分離される色素は、メラノイジン系色素が主である。

反応は大きく3段階に分けられる。反応の初期段階は、還元糖とアミノ基とが結合して窒素配糖体（グルコシルアミンなど）をつくる。この窒素配糖体が酸触媒によりアマドリ転位生成物（モノフラクトースアミンなど）となり、さらに分解して反応性の強い種々のカルボニル化合物（オソン類）を形成する。最終段階で、このカルボニル化合物がアミノ化合物と反応して褐色物質、メラノイジンとなる。反応は次のようになる。

・D—グルコース＋アミノ化合物（RNH_2）
　⇔窒素配糖体＋H_2O

・窒素配糖体→アマドリ転位生成物

・アマドリ転位生成物→
　カルボニル化合物＋RNH_2

・カルボニル化合物＋RNH_2→メラノイジン
　（注：Rは各種の官能基を指す）

この反応では単糖やアミノ酸の種類、反応時のpHなどにより着色の程度や色調、反応速度や反応機構、生成物が変わってくる。さらに、この反応には水分量、温度、酸素が大きく影響し、その他にも無機イオンや光などにも影響を受ける。

⑤ 香気

砂糖の香気は、砂糖の加熱によるカラメル化やメイラード反応などで生ずると考えられる。したがって、純粋なスクロースは匂いがない。ただし、市販の砂糖には残存した、あるいは精製工程で生じた微かな甘味臭がある。

糖蜜中より発見されたソトロン（3-hydroxy-4,5dimethyl-2〈5H〉-furanone）（図表3—13）は甘い

焦げ臭をもった、非常に微量でも匂うメイラード反応で生ずる主要な香気成分である。その他にも、スクロースを弱アルカリ条件下で加熱・分解すると生成する焦げた甘味臭をもつマンニトールやイソマンニトール、あるいは甘蔗中のリグニンがアルカリで分解されることにより生成するバニリンなども、砂糖の甘味臭を構成する成分である。

(2) スクロースに及ぼすpHの影響

① 加水分解

スクロースは化学的・生物的あるいは物理学的な作用により、図表3－14のような加水分解が起こる。この反応は「転化」と称され、生成したD－グ

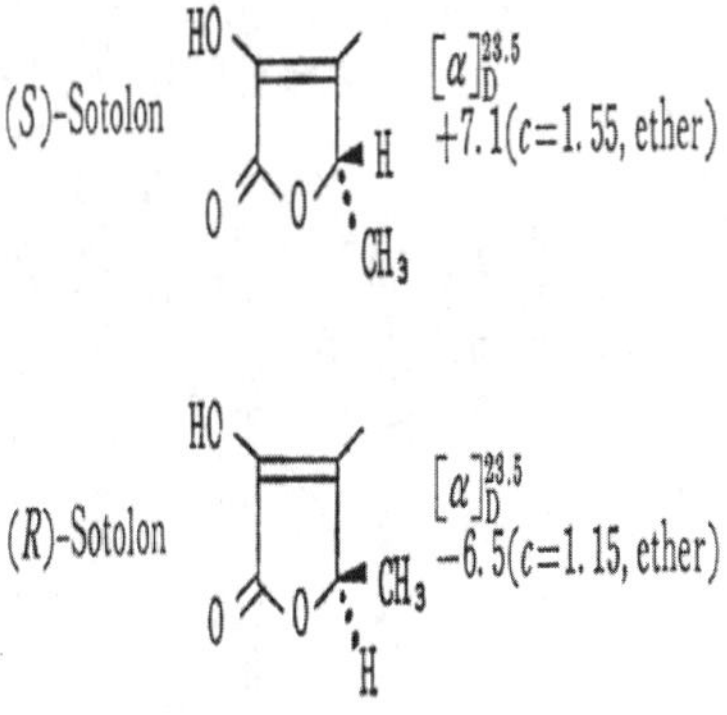

資料：日本農芸化学会「日本農芸化学会誌第57巻」

図表3－13　香気成分ソロトンの構造

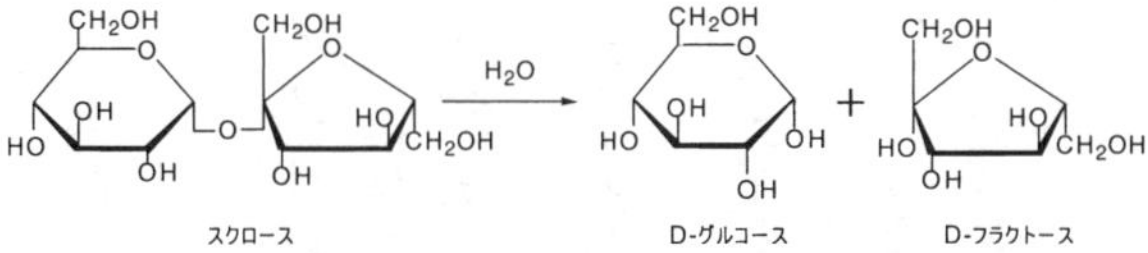

図表3－14　スクロースの加水分解

ルコースとD―フラクトースの混合物は、転化糖あるいは還元糖とよばれる。普通、オリゴ糖類のほとんどは、容易に加水分解されるが、そのなかでもスクロースは分解されやすい部類に属する。マルトースの加水分解は、スクロースがほとんど分解する条件であっても、きわめてわずかしか進行しない。しかし、分子内にスクロース構造をもつラフィノース（ガラクトシルスクロース）やグルコシルスクロース、フラクトシルスクロースでは、スクロース構造の部分は分解されやすい。

② 加水分解に及ぼす無機酸と有機酸の比較

スクロースの加水分解では、水素イオン濃度が高い（pHが低い）ほど、また温度が高いほど、転化速度が速くなる。さらに、水素イオンの解離性が高く、低いpHの酸、したがって、強酸の方が弱酸より転化速度が早く、無機酸と有機酸の転化速度の比較では無機酸の方が高く、かつ、無機酸のなかでも塩酸や硝酸がもっとも早く、硫酸は塩酸や硝酸と比較して劣る。スクロースに対する塩酸と硝酸の転化（加水分解）力を100とした場合の各種酸のスクロースに対する転化力を図表3―15に示す。表から明らかなように、硫酸は53・6であり、有機酸では酒石酸の3・1が一番高く、クエン酸、リンゴ酸と続く。

③ 加水分解と反応温度およびスクロース濃度と反応時間

加水分解に及ぼす温度などの影響をみると、pHを一定にし、反応温度を10度高くすると転化速度は、4～5倍ほど上昇する。スクロースの濃度に関しては、希薄な溶液ほど転化速度は早くなる。加水分解反応では逆反応がきわめて弱いので、弱い反応条件でも時間をかければ、pH2～4、40度で転化速度に差があっても完全に転化する方向で進行する。

図表3－15　各種酸のスクロースに対する転化力（%）

	酸	転化力
無機酸	塩　酸	100.0
	硝　酸	100.0
	硫　酸	53.6
	リン酸	6.7
有機酸	酒石酸	3.1
	クエン酸	1.7
	リンゴ酸	1.3
	乳　酸	1.1
	酢　酸	0.4

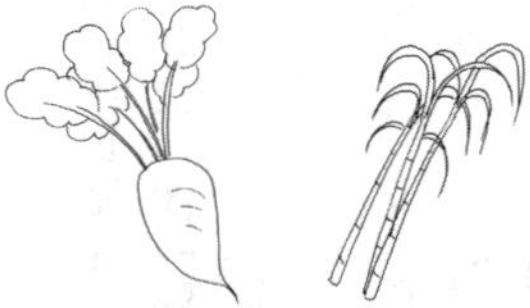

第４章

日本の砂糖事情

１　日本の砂糖政策

日本で本格的な近代糖業が始まったのは、日清戦争の結果、台湾を領有するようになってからである。ここが砂糖の生産に適しているとみて、政府は大規模な奨励策をとった結果、台湾糖業はめざましく発展した。近代製糖工場が続々と建設され、生産量は急速に増加した。１９２９（昭和４）年頃には生産量は60万ｔを超え、日本は砂糖の自給国となることができた。台湾糖業はその後も発展を続け、昭和10年代になると、毎年約１００万ｔの生産をあげ、13／14年度には１３７万ｔという記録を残している。

また、内地には精糖工場が日清戦争以降建設されるようになったが、明治末期以降は台湾の製糖会社が内地の精糖工場も兼営するという、一貫した形で行われるようになった。

一方、てん菜については、明治以降、北海道や朝鮮においてさまざまな努力が試みられたが、あまり成功したとはいえない。１９３７（昭和12）年に北海道で４万２０００ｔの生産量が最高という程度だった。

終戦によって、わが国は砂糖の供給源であった台湾を失い、砂糖の大部分を外国から輸入しなければならなくなった。消費が増えるにつれて、それをまかなう輸入量も増え、そのために費やす外貨は莫大なものとなった。そこで政府は一つに外貨節約、もう一つに畑作振興という目的から、国内での砂糖の生産を保護奨励する種々の対策をとってきた。

1953（昭和28）年には、「てん菜生産振興臨時措置法」が制定され、てん菜糖に対して、政府買入れによる価格支持が行われることになった。1959年になると、政府は「甘味資源自給力強化総合対策」を発表した。これは1968年までに国内の砂糖生産をてん菜糖40万t、甘しょ糖20万tに増加させ、結晶ブドウ糖15万tと合わせて国内需要量の約半分を自給しようというものであった。そのための措置として1959年4月、輸入粗糖に対する関税をkg当たり14円から41・50円に引き上げ、逆に砂糖消費税をkg当たり46・67円から21円に引き下げ、関税による保護を強めた。1963年までは、粗糖輸入に外貨割当制がとられており、国内の砂糖価格が国内産糖を保護育成するのに適当な高い水準に安定するよう、輸入量が制限されていた。

このような諸施策の結果、国内産糖の生産は、一部地域で失敗はみられたものの、大幅に増加した。

しかし、1964（昭和39）年以降、粗糖輸入自由化の影響で国内砂糖価格が暴落し、国内産糖の保護をきたすようになった。そこで同年3月には「甘味資源特別措置法」が制定され、政府買入れによる価格支持が行われることとなった。さらに、国内価格が暴落していては国産糖の保護が困難であるため、翌65年6月には、「砂糖の価格安定等に関する法律」（糖価安定法）が制定された。この法律によって、輸入粗糖から調整金を徴収する仕組みがつくられたのである。

この後、現在の法律まで数回の法律改正が行われたが、国産糖を保護する理念や輸入粗糖と国産糖の内外価格差を是正するために輸入粗糖から調整金を徴収し、国産糖の保護財源に充てる基本的な仕組みは、変わらずそのまま踏襲されている。ここで、これまでの法改正をみていくことにする。

⑴ 糖価安定法

まずは、現在の法制度の淵源となる糖価安定法（1965年）だが、この法律は大きく分けて2つの目的をもっていた。一つは国内糖価の安定で、一つは国内産糖の保護である。

国内価格安定のためには、通常の国際糖価の変動を基準として、上限価格と下限価格を定めた。粗糖（精製前の砂糖）の輸入価格が下限価格を下回るときは、その差額を安定資金として徴収し、輸入価格が上限価格を上回ったときは、その差額分をこの安定資金から払い戻すこととされていた。

国内産糖の保護については、まず、国内産糖合理化目標価格（以下、合理化目標価格）を定め、輸入粗糖がこの合理化目標価格を下回っている場合は、その差額（輸入価格が安定下限価格を下回っているときは、安定下限価格と合理化目標価格との差額）に調整率を乗じたものから農水大臣の定める額（異性化糖調整金軽減額）を差し引いたものを調整金として徴収し、これを国内産糖に対する助成金に充てることになっていた。また、国内産糖の買入れ価格が合理化目標価格まで下がらず、これを上回っている間は、その差額を国庫支出によって補助する仕組みであった。

この輸入粗糖から安定資金や調整金を徴収したり、国内産糖に補助金を支払う業務は、糖価安定事業団（現在の独立行政法人農畜産業振興機構）

が瞬間タッチによる売買方式で行っていた。

(2) 糖価安定法の改正

１９７５（昭和50）年頃からでん粉を原料とする異性化糖が増加し、清涼飲料向けを中心に砂糖から異性化糖への需要の代替が急速に進んだ。さらに一方で、北海道のてん菜糖を中心に国内産糖の生産量が急増したことなどから、蚕糸砂糖類価格安定事業団（当時）の収支が悪化するおそれが生じた。こうしたことから糖価安定法は１９８２（昭和57）年3月、一部改正が行われた。

具体的には、①異性化糖も法律の対象に組み入れ調整金を徴収すること、②市価参酌による国内産糖の調整金支出に充てるために、一定の場合に輸入糖および異性化糖から市価参酌調整金を徴収すること、を柱とした。②は農水大臣があらかじめ定めた精糖企業別輸入数量および異性化糖企業別販売数量を超えて輸入、販売した場合、その超えた数量に対して、供給の増加が国内市価に及ぼす影響を考慮して追加徴収されることとしたものである。一般的に「2次調整金」と呼ばれている。

(3) 糖価調整法

糖価安定法によって、砂糖の価格の安定が図られるとともに、甘味資源作物の農業所得の確保が図られてきた。ところが、１９８０年代以降、国際糖価が低位で安定した状況が長く続き、消費者および食品産業界から、砂糖の内外価格差縮小の要請が強まってきた。さらに、１９９０（平成2）年頃から安価な加糖調製品（ソルビトールやココア等と砂糖を混ぜ合わせた混合物等）の輸入が増加したことにより、輸入粗糖が減少し、現行の糖価安定制度の円滑な運営に支障が生じるようになってきた。

このような状況を踏まえ、糖価の引き下げにより砂糖の需要拡大を目指すとともに、輸入糖と国内産糖の適切な価格調整と市場原理の円滑な活用を図りつつ、甘味資源作物生産者の経営の安定と砂糖製造事業者の健全な発展を促進することが必要となり、2000（平成12）年6月、糖価安定法を改正した「砂糖の価格調整に関する法律」（糖価調整法）が成立し、同年10月より施行された。

糖価調整法の主な改正点は以下のとおり。

1) 海外粗糖相場が安定傾向にあるなかで、糖価の低下を図るうえで制約となっている安定上・下限価格を廃止する。

2) 国内産糖の原料であるてん菜およびさとうきびについては、最低生産者価格制度を維持し、その算定は、甘味資源作物の生産費その他の生産条件、砂糖の需給事情等を参酌して定める。

3) 国内産糖については、市場原理の活用を図りつつ、農畜産業振興事業団（1996年10月から）の買入れおよび売戻しを廃止し、年間で一定の交付金を交付する方式に改めた。とりわけ、国内産原料糖（てん菜原料糖および甘しゃ分蜜糖）の取引については、これまでの硬直的な取引形態に市場原理を活用する観点から、入札の仕組みが導入された。また、国内産ブドウ糖については事業団による買入れおよび売戻しを廃止した。

4) 輸入粗糖についても、合理的な粗糖の輸入を推進する観点から、その一部数量について、入札制度が導入された。

5) 砂糖の生産の合理化と砂糖の需要の拡大を緊急に図るため、輸入にかかる指定糖等の売戻価格の特例措置を3年間に限り講ずるとともに、農畜産業振興事業団に、当分の間、糖価安定資金を引き継ぐ砂糖生産振興資金を設置し、これを財源として、当該売戻価格の特例措置を含め、砂糖などの生産の振興に資するための措置を講ずることとした。

(4) 糖価調整法の改正

安価な加糖調製品の輸入が増加の一途をたどり、砂糖消費が漸減基調で推移するなか、一方でてん菜糖の増産が続いたことから、2002砂糖年度（SY）末から調整金勘定に累積赤字が生じ、その後年々増加することが見込まれたこと、また、04年度末には「食料・農業・農村基本計画」の見直しが必要となっていたことから、04年夏以降、制度のあり方に関して検討が行われ、06年の通常国会で制度改正の法律案が提案された。

改正案は、法律の題名を「砂糖及びでん粉の価格調整に関する法律」に改め、新たに輸入にかかるでん粉などの価格調整に関する措置、でん粉原料用いもおよび国内産いもでん粉に交付金を交付する措置などを定めているが、ここでは砂糖関連の改正部分について触れることにする。なお、本改正法は、06年6月に可決・成立し、07年4月に施行、同年10月より本格適用されている。また、この法改正と同時に「甘味資源特別措置法」は廃止された。

1）国内産糖合理化目標価格は「砂糖調整基準価格」と改められた。これは、輸入糖の価格調整の基準となる価格について、算定基準を国内産糖の目標生産費から最効率の実態生産費に変更するものである。

2) 指定糖調整率は、従来国内産糖の推定製造数量をもとに算定していたが、国内産糖の推定供給数量（製造されたすべての数量ではなく、一定の数量への変更）をもとに算定するように改められた。

3) 政策支援として措置されてきた交付金は従来、最低生産者価格以上で生産者から原料を買い取った国内産糖製造事業者に対してのみ交付されていたが、本改正により、農畜産業振興機構から甘味資源作物の生産者に対しても直接支払われることとなった。

ただし、てん菜の生産者に対しては、麦や大豆、でん粉原料用ばれいしょとともに複数作物の組み合わせによる営農が行われていることから、個々の品目別ではなく、担い手の経営体に着目し、諸外国との生産条件の格差から生じる不利を補正し、かつ収入の変動による影響を緩和するための対策（経営所得安定対策）として、国から直接支払われている。

交付金財源の一部は、農畜産業振興機構が輸入糖から徴収した調整金を、国の特別会計に納付して充当される。これらを図示したのが図表4―1、4―2である。

これに対し、さとうきびは農畜産業振興機構から直接生産者に甘味資源作物交付金が交付される。

4) 甘味資源作物の生産者および国内産糖製造事業者に対する政策支援に上限を設定する観点から、交付金については農畜産業振興機構の予算の範囲内において行うことが定められた。とりわけ、国内産糖製造事業者に対しては、最大限の合理化努力が行われることを前提として交付

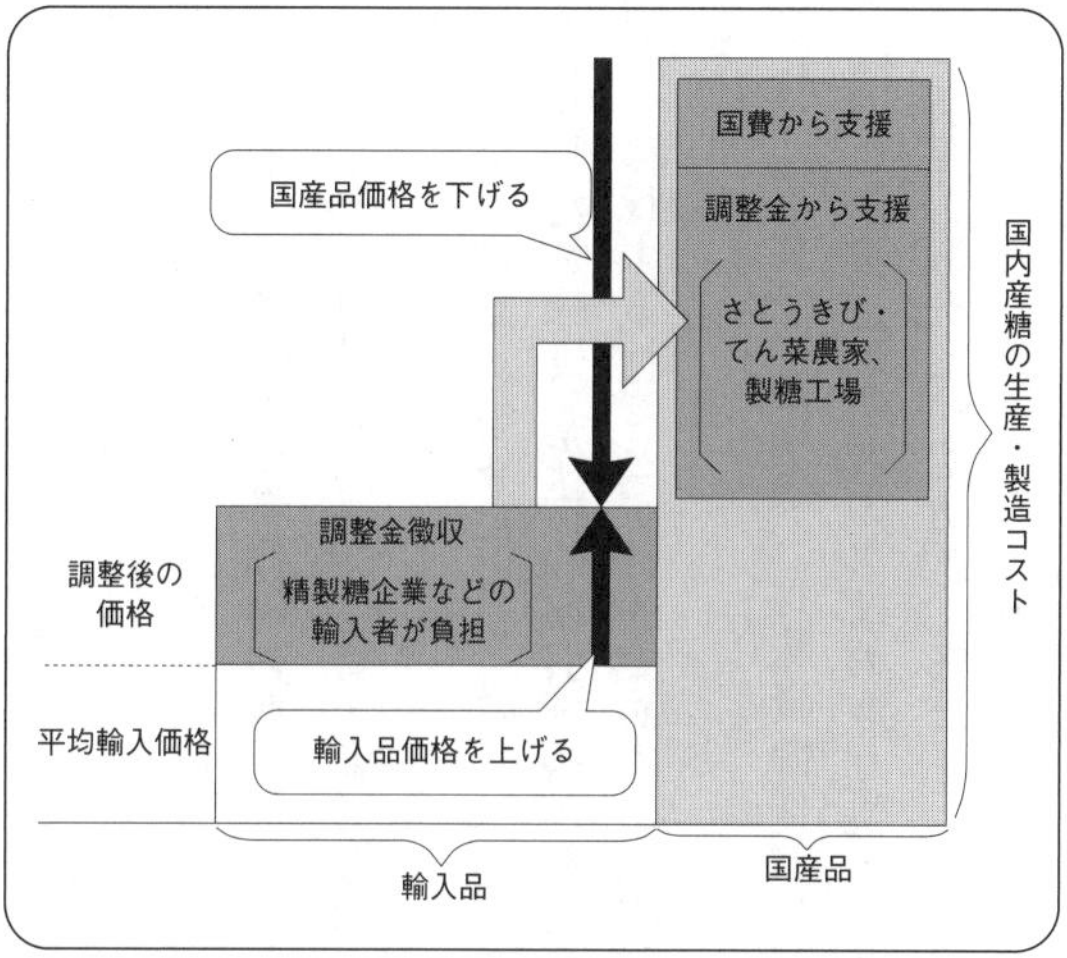

図表４－１　糖価調整制度の仕組み

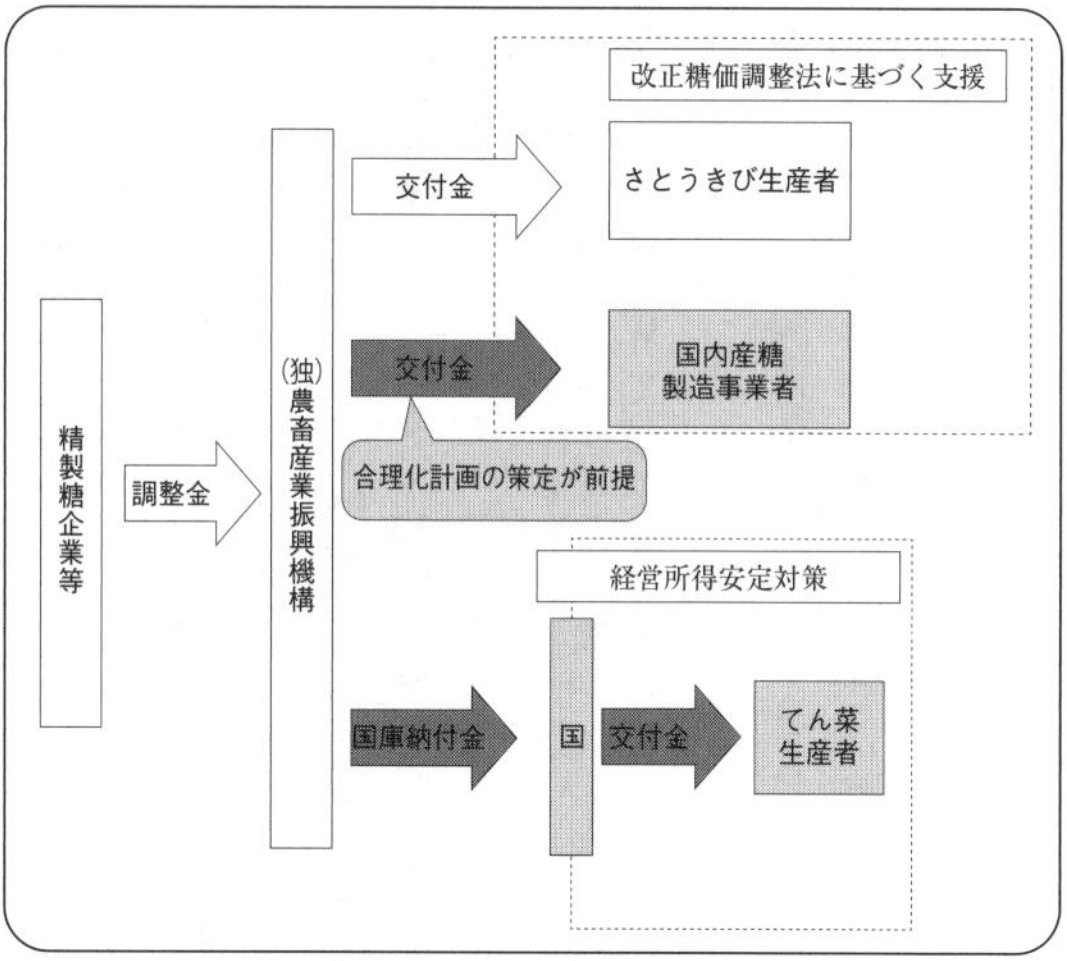

図表４－２　政策支援の流れ

金が交付されている。

5）これまでの最低生産者価格は廃止され、甘味資源作物の生産者に交付される甘味資源作物交付金の単価は、標準的な原料の生産費から国内産糖製造事業者への原料作物の取引価格（品代）を差し引いた額を農林水産大臣が糖度別に定めた額となった。

最低生産者価格の廃止については、「市場の需給を反映した甘味資源作物の取引価格が形成される制度へ移行する」ことが目的であると説明されている。

6）原料作物の取引価格は、甘味資源作物生産者と国内産糖製造事業者の事前の取り決めに基づき、製品の販売価格を分配する方法（収入分配方式）で決められている。市場の需給動向に応じて変動する販売価格（市価）をシグナルとして、生産者へより伝わる仕組みになっている。

7）国内産糖製造事業者ごとに交付される国内産糖交付金の単価は、国内産糖製造事業者のコスト価格から販売価格（市価）を差し引いた価格となる。

こうした交付金は、甘味資源作物の生産者と国内産糖製造事業者に別々に交付されるが、その総額は従前と大きく変わらない仕組みとなっている。

以上のわが国の砂糖制度の移り変わりと機を一にして、砂糖業界ではさまざまな経営努力が図られてきた。

とりわけ、精製糖業界では、１９８０年代以降、異性化糖の出現による砂糖消費量の減少やてん菜を中心とした国産糖の増産により、設備過剰からくる構造不況に陥った。このことから、１９８３（昭和58）年10月に特定産業構造改善臨時措置法

（産構法）に基づく過剰設備の処理に努めることとなった。

さらに、90年代に入ると、加糖調製品の輸入が急増し、さらに砂糖消費量は減少し続けた。その結果、工場稼働率が悪化するなど再び精製糖業界は苦境に立たされることとなり、生産性の向上やさらなる合理化でコスト低減を図ることが急務となった。２０００（平成12）年10月からは産業活力再生特別措置法（産業再生法）の支援による再編・合理化支援措置や、砂糖生産振興資金による助成措置を受けて、産業再生法の事業再構築計画の認定を受けた生産設備の廃棄や工場の共同生産化、さらには精糖企業の合併が推し進められた。

(5) 糖価調整制度と貿易自由化の流れ

２０００年代以降、ＷＴＯ（世界貿易機関）やＦＴＡ（自由貿易協定）、さらに物やサービスの貿易自由化だけでなく、より幅広い協力の促進を含むＥＰＡ（経済連携協定）交渉が加速してきたことなどから、わが国としてもこれまで多くの協定を結んできたが、砂糖についてはすべてのＦＴＡ／ＥＰＡで関税撤廃・削減の対象外として交渉してきた。しかし、14年4月に豪州とのＥＰＡ交渉が大筋合意に達し、15年1月、同国とのＥＰＡが発効された。砂糖分野については、糖価調整制度が現行どおり維持されるなかで、豪州産の高糖度原料糖については、精製糖の製造用に使用するものに限り、輸入条件が緩和されることになった。

さらに、15年10月にはＴＰＰ（環太平洋経済連携協定）が参加12カ国の間で大筋合意に達した。砂糖もいわゆる「重要5項目」として交渉が行われたが、糖価調整制度は維持されることとなった。

今後、各国で承認手続きに移るが、発効の時期は見通せていない。

2 日本の砂糖生産

日本で消費される砂糖は、現在約191万t（2014砂糖年度）である。このうち、国内で生産される砂糖は鹿児島と沖縄の甘蔗糖で約12万t、北海道のてん菜糖が約61万t、合計73万tで全体の4割近くを占め、残りの約6割にあたる約120万tは外国から輸入して国内消費量をまかなっている。国産糖と輸入糖の内訳は、図表4―3のようになる。

国産糖のうち、てん菜糖は主に耕地白糖として製造される。甘蔗糖は大部分が原料糖として製造され、一部は含蜜糖として製造される。外国から

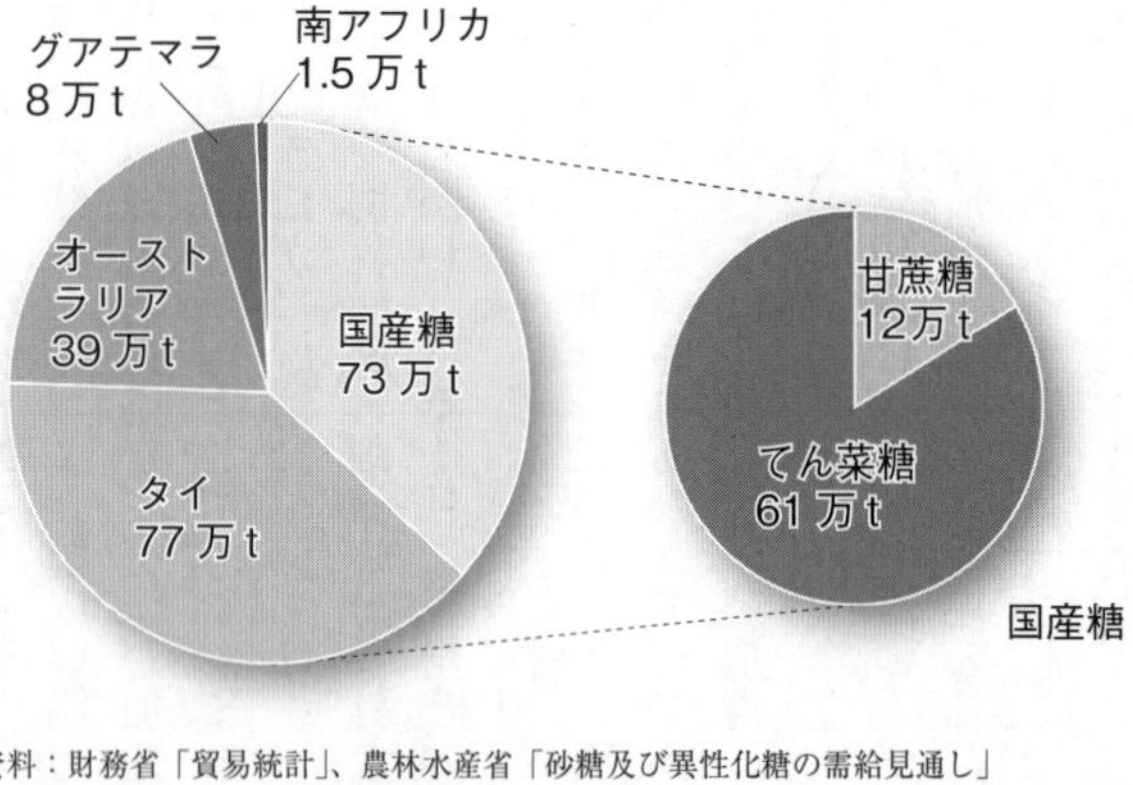

資料：財務省「貿易統計」、農林水産省「砂糖及び異性化糖の需給見通し」

図表4－3　原産地別の砂糖供給（2014砂糖年度）

の輸入は一部精製糖もあるが、ほとんどが粗糖(原料糖)となっている。

わが国に輸入される粗糖は、生産国でのさとうきびの作柄にもよるが、主にタイ、オーストラリアの2カ国で、輸入量の9割近くを占める。その他にグアテマラや南アフリカなどからも輸入されている。

(1) 国産糖

① 甘蔗糖

沖縄や鹿児島の南西諸島で古くから含蜜糖(黒糖)がつくられたのは歴史の項で述べたとおりで、沖縄では戦前多少の分蜜糖もつくられていたが、1959(昭和34)年以降は政府の甘味資源自給力強化総合政策によって、甘蔗の栽培が増えると同時に、砂糖の製造も従来の小型工場による含蜜糖から近代的工場による分蜜糖への切り替えが行われ、分蜜糖の生産が急速に増加した。現在では甘蔗糖のうち、95%以上が分蜜糖となっている。

図表4―4に、過去20数年間における沖縄・鹿児島の甘蔗糖の生産量の合計を図示した。1989(平成元)砂糖年度(SY)には、30万tを超える生産量を誇っていたが、これをピークに以降、生産量の増減はあるものの、2004SYまでおおむね減少傾向で推移してきた。04SYの生産量は89SYの4割程度に過ぎない。ここまで生産量が大きく落ち込んできた背景には、もともと沖縄や鹿児島の生産地は地理的な制約を受け、収穫面積が1ヘクタールにも満たない零細規模の農家が大半を占めており、それに加えて農業従事者の高齢化が進むなど、わが国の農業全般がかかえる社会的な生産構造の問題も含んでいる。もっとも、04SYを底に、05SY以降は生産量が回復してきている。これは、台風によ

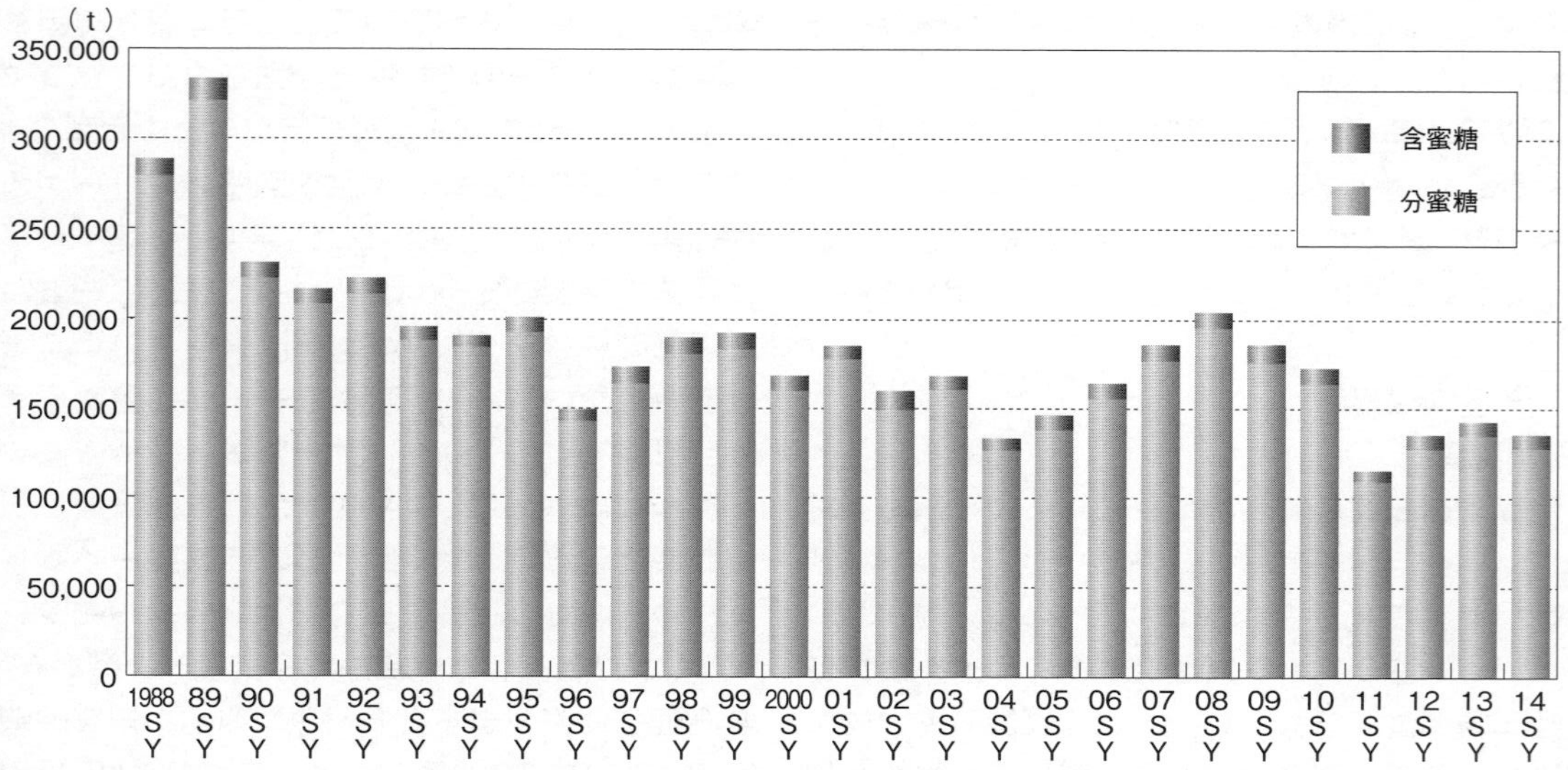

資料：沖縄県農林水産部「さとうきび及び甘しゃ糖生産実績」、鹿児島県農政部農産園芸課「さとうきび及び甘しゃ糖生産実績」

図表４－４　甘蔗糖の生産量の推移

る被害をあまり受けずに比較的天候に恵まれたことに加えて、06年7月に策定された政府の「さとうきび増産プロジェクト」による取組みが順調に進んでいることにもよる。08SYの生産量は20万tを超え、92SY以来16年ぶりの水準まで回復したが、その後11SYは春先の低温、度重なる台風の襲来、夏季の干ばつ、害虫（メイチュウ）の大発生により11万tにも満たない過去最低の生産量となった。

14／15年度現在、沖縄で9社10工場、鹿児島で6社7工場が操業しており、1日当たりの甘蔗圧搾量は、沖縄で9743t、鹿児島で5908tとなっている（なお、沖縄では15年9月に2社が合併し、8社9工場となっている）。

② てん菜糖

北海道のてん菜糖生産は、戦前は苦難と失敗の連続だったが、戦後は政府の保護奨励を受けて、1960年代になってから急速に伸びた。80年代後半からは、政府の育成強化に加えて品種改良や栽培技術の向上、米作転換による栽培面積の増大などによって大幅に生産量が増加した。

また、1986（昭和61）年産からてん菜の取引について、それまでの重量取引から糖分取引に移行したことが、品種の栽培管理の面で生産農家の意欲の向上につながった。

このような増産傾向がしばらく続いたことから、農水省は89年度からてん菜白糖の通常の販売量を超える分について、原料糖として精製糖企業に供給・販売するてん菜原料糖制度を導入した。

88砂糖年度（SY）以降のてん菜糖の生産量の推移は図表4―5のとおりである。原料糖はてん菜糖全体の生産量の水準とも関係するので、その年のてん菜の作付状況や気象条件などにより、生産量には大きな幅がみられる。

04SYでは、てん菜の生育に適した天候に恵まれ単収が著しく高まったことから、史上最高であった前年をさらに上回る78万t以上の産糖量を記録した。その後しばらくは好調な生産が続いたが、10年から12年産にかけては春先の多雨による移植の遅れ、夏場の高温・多雨による褐斑病等の多発により、単収減、糖度低下が発生し、13年産はとくに天候が不順であったことから、46万tあまりとなり、四半世紀で過去最低の産糖量となった。その後は、55～56万t台で推移している。

てん菜糖の場合、一般的に市場に出回る糖種としては、グラニュー糖と上白糖の2種類のみで、そのうちグラニュー糖が全体の9割近くを占めている。また、てん菜糖の場合、グラニュー糖は業務用、上白糖はおおむね家庭用に向けられている。

(2) 精製糖

外国から輸入された粗糖や沖縄、鹿児島で生産された国産糖(一部北海道のてん菜原料糖も含む)は、精糖工場で精製され、国内市場へ販売される。1990年以降25年間の砂糖（精製糖）の糖種別生産量をみたのが図表4—6である（上白糖とグラニュー糖、液糖は固形換算せず、10万t単位)。

この間、ほとんどの糖種が右肩下がりで推移しており、なかでも上白糖の落ち込みが大きいことがわかる。私たちにとって、一番なじみ深い糖種ともいえる上白糖は、90年度では100万t近い生産量があったが、この20年間で40万t近く減少し、14年度では60万t台をかろうじて維持している。この要因は、主に家庭用消費の中心である小袋の生産量が落ち込んでいることがあげられる。これを図示したのが図表4—7である。

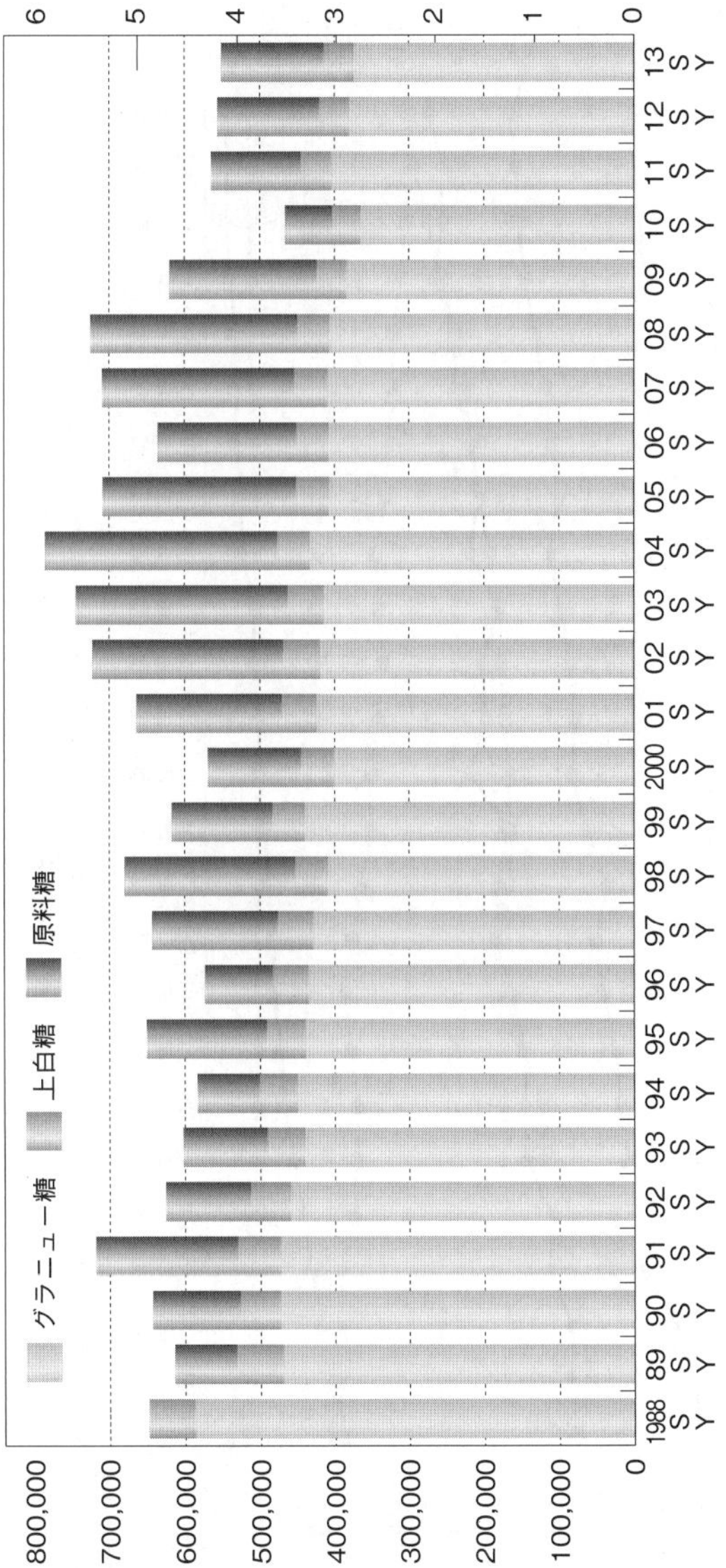

資料：北海道てん菜協会「てん菜糖業年鑑」

図表4－5　てん菜糖の生産量の推移

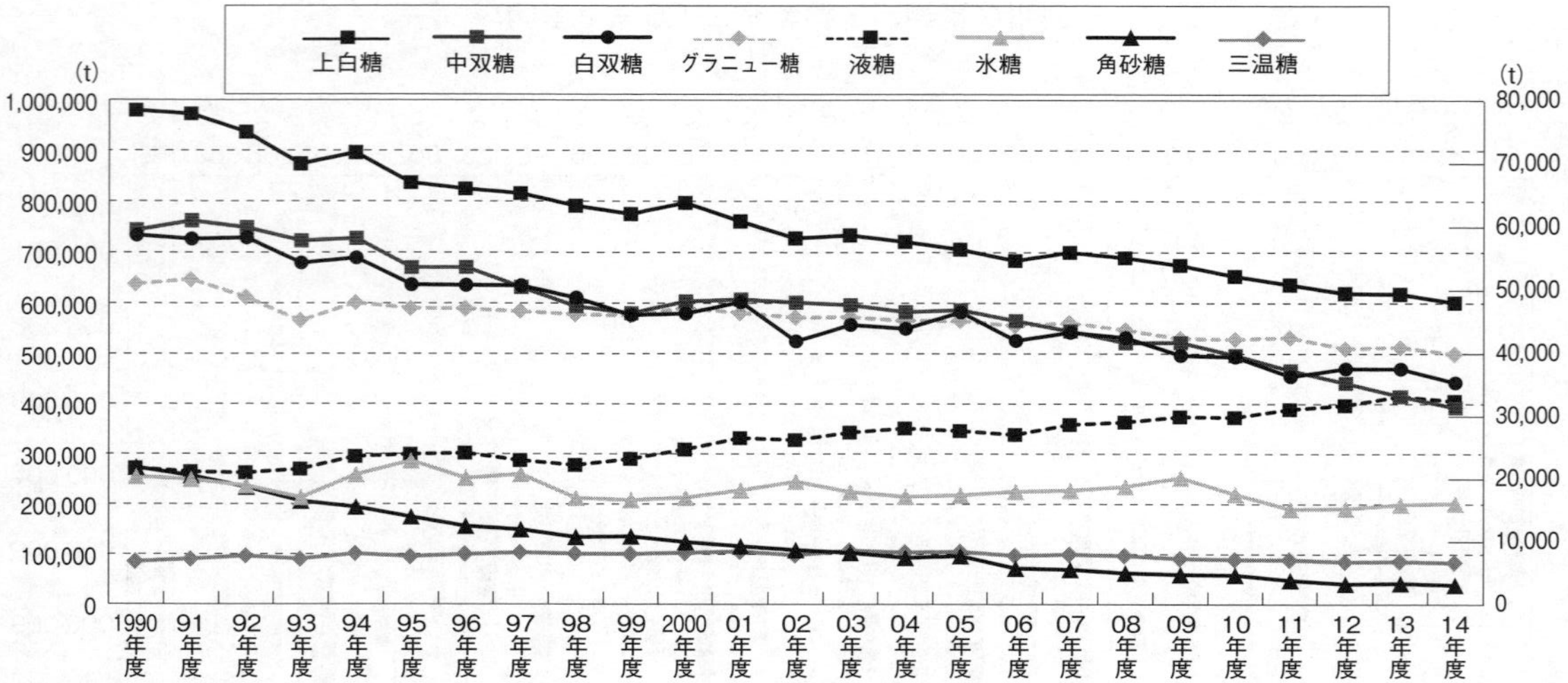

資料：精糖工業会「ポケット砂糖統計」
注　：1．白双糖、中双糖、氷糖、角砂糖は右目盛。2．液糖は固形換算していない。3．ビート白糖、中白糖は除く。

図表４－６　砂糖糖種別生産量の推移

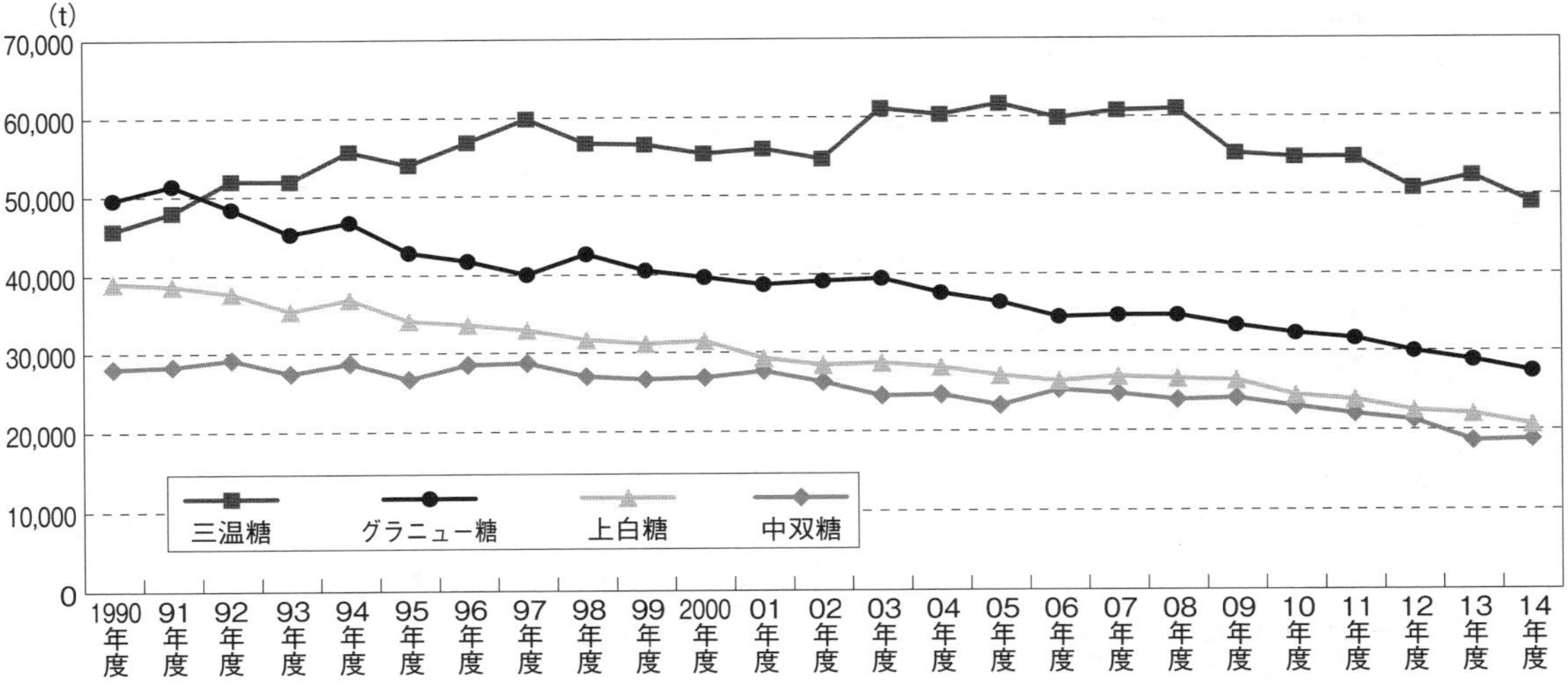

資料：精糖工業会「ポケット砂糖統計」
注　：1．図表4－4の内数である。2．上白糖のみ10万t単位。3．白双糖は僅少のため省略した。

図表4－7　小袋生産量の推移

また、上白糖以上に落ち込みが大きいのが角砂糖である。90年度には2万tを超える生産量があったが、14年度では3000t程度に落ち込んでいる。

近年、この上白糖やグラニュー糖に替わり、生産量が右肩上がりで伸びているのが液糖である。13年度ではついに40万tを突破した。これは清涼飲料や冷菓などの大手ユーザー向けに出荷されている液状の砂糖で、一般消費者向けには市販されていない。ユーザーからみた場合、液状であるため砂糖を溶かす手間が省け、エネルギーの節約や作業の効率化が図られるなどさまざまなメリットがあるとみられる。

グラニュー糖や上白糖の生産量が落ちてきたことは、先に述べたように家庭用消費が落ち込んできたこともあるが、加えてそれまでユーザー向けに出荷されていた上白糖やグラニュー糖が、ハンドリングの容易な液糖へシフトしたことも理由の一つとしてあげられる。また、三温糖も一時消費者の嗜好により生産量が伸びたが、全体的な消費量の減少にともない最近は生産を落としている。

3　日本の砂糖消費

わが国の砂糖消費量は、ピーク時の1970年代には300万tを超える年もあったが、80年代に入ってからはほぼ一貫して減少傾向にある。これは繰り返しになるが、70年代半ばから輸入とうもろこしを原料とする異性化糖が生産を伸ばし、また、90年代以降ソルビトールやココアなどと砂糖を混ぜ合わせた加糖調製品の輸入が急速に増えてきたためで、近年では、190万t台にまで落ち込んでいる。

図表4―8は用途別にみた消費量の推移を10年ごとに示している。とくに家庭用消費量は、最近30年間で50％以上、10年間で20％減少している。業務用では、乳製品や調味料向けは伸びているが、菓子類向けや「その他」の需要の減少が目立つ。清涼飲料向けはいったん減少したが、近年は回復傾向がみられる。比較的堅調に推移している用途をみると、さきほど「生産」の項でみた液糖の生産の伸張と無関係ではないといえる。「その他」の需要には缶詰用、ジャム用、酒類需要などが含まれる。

甘味市場の規模は、90年をピークにその後は横ばいで、砂糖市場は70年代後半以降ほぼ一貫して縮小している（図表4―9）。

異性化糖は70年代の後半に甘味市場に登場し、80年には40万t（固形換算）、84年には60万tを

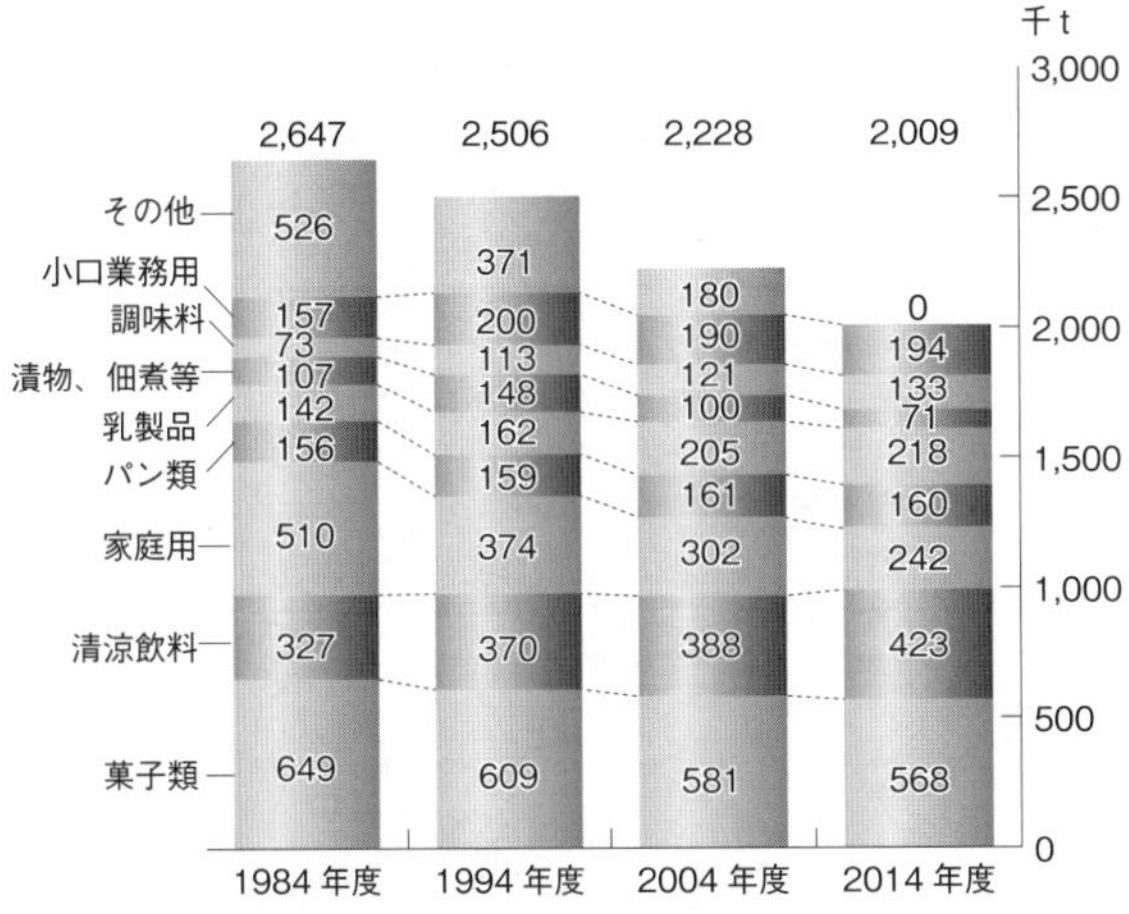

資料：精糖工業会「ポケット砂糖統計」
注　：年度とは会計年度を意味する。

図表4－8　用途別砂糖消費量の推移

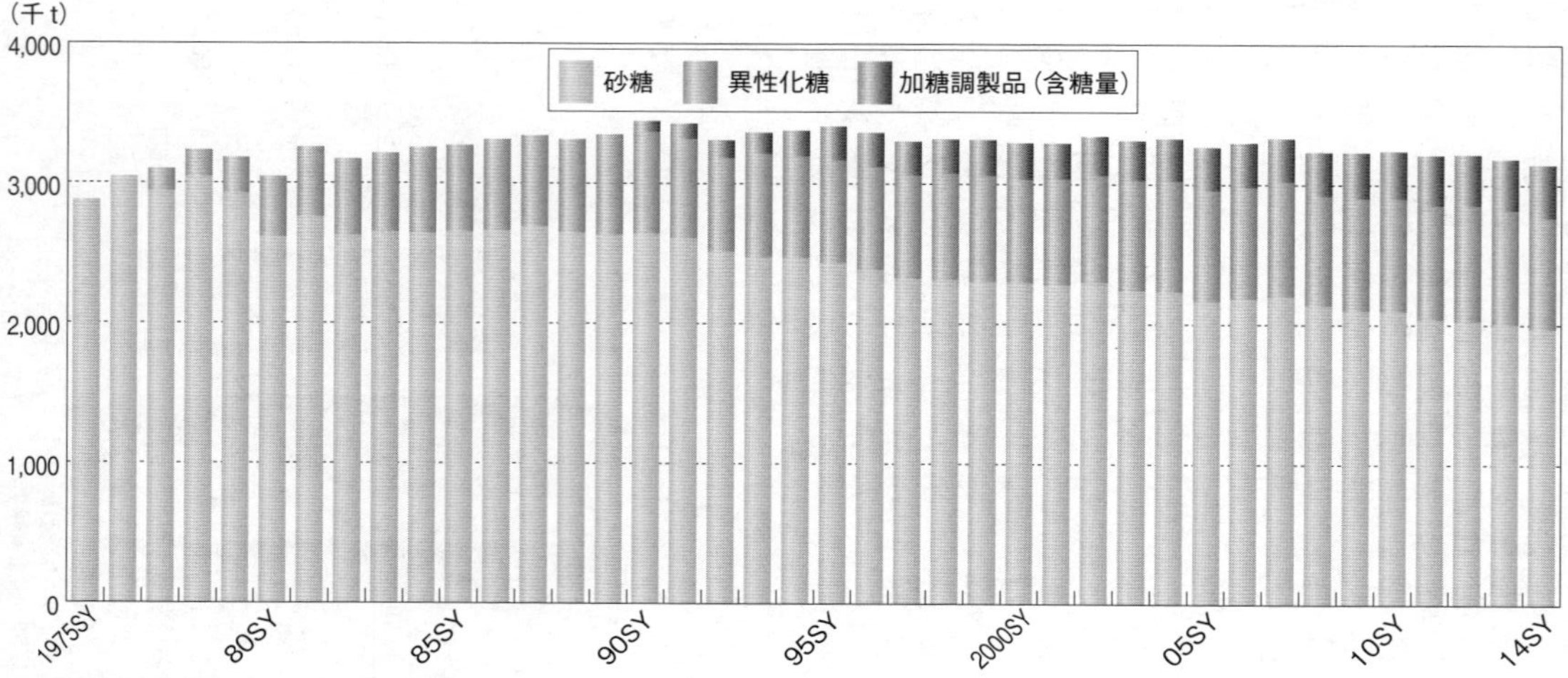

資料：農林水産省「砂糖及び異性化糖の需給見通し」

図表４－９　甘味市場の規模の推移

超えた。その後の増加は緩やかだが、06年には80万tを突破した。一方、加糖調製品の輸入量(砂糖含有量ベース)は、91年に10万tを超え、WTO協定が発効した95年をはさんで輸入量が大幅に増加し、04SY以降は30万tを超え、10年後の14SYでは40万t近くまで輸入を伸ばしており、毎年7000t近くの砂糖が着実に置き換わっている。

このように、砂糖の消費量そのものは年々減少してきているが、異性化糖や加糖調製品を含めた甘味全体としては、砂糖ベースでみた場合、さほど大きな変化はなく、甘味の内訳が単純に変化しただけに過ぎないともいえる。

さらに最近では、アスパルテーム、スクラロース、アセスルファム・カリウムといった高甘味度甘味料の輸入が増加し、近年の消費者の低カロリー志向から清涼飲料などで砂糖や異性化糖からの切り替えが進んでいる。14SYでは砂糖換算で15万tほどまで増加している(なお、アステルパームは国内でも生産されている)。

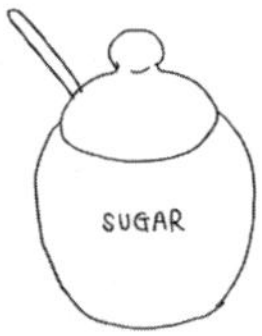

第5章 世界の砂糖事情

1 世界各国の砂糖政策

今日、ほとんどの砂糖生産国で直接、あるいは間接的に何らかの形で砂糖を保護する政策がとられている。

以下、代表的なEUとアメリカの砂糖政策について説明する。

(1) アメリカ

米国の砂糖政策は、政府負担のきわめて小さいプログラムであり、コメ、とうもろこしなどの穀物、酪農・乳製品などのセクターと異なり、甘味資源作物生産者、製糖事業者、精製糖事業者への直接的な国内補助金や輸出補助金は供与されていない。

米国の砂糖政策は、基本的に、1)短期融資制度（ローン・プログラム・Loan program）による価格支持（製糖事業者への金融政策）、2)製糖事業者への販売割当（Marketing allotments）による流通規制と関税割当（TRQ・Tariff rate quota）を通じた輸入規制による国内需給調整措置から成り立っている。すなわち、国境措置を通じて砂糖および加糖調製品の輸入を抑制し、販売割当による出荷規制を通じて国内需給の均衡を図り、国内価格を適正水準に保ちつつ、製糖事業者に対するローン・プログラムを利用して、さとうきびを最低保証価格で買い上げさせることによって、生産者の収入を確保し、国内市場価格の下支え（価格支持）を行っている。

1) 2014年農業法

2014年2月に成立した農業法における砂糖政策もこれまでと基本的に変わらず、ローン・プログラムと販売割当および輸入割当による生産・流通管理からなっており、2008年農業法が踏襲される内容となっている。

2) ローンレートについて

ローン・プログラムは、商品金融公社（CCC・Commodity Credit Corporation）が、製糖事業者に対して砂糖を担保に融資する制度で、砂糖価格が低下した場合には、製糖事業者は現金による返済はせず、担保砂糖のCCCへの没収、つまり「質流れ」によって、返済義務が免除されるというものである。このため、返済時に砂糖などの担保価値（市場価格）が融資額を下回った場合は、製糖メーカーにとって有利に働く制度となっている。この制度を利用するのは任意であって、ローンレート（融資単価）は、国際価格（ロンドン白糖相場）を参考に砂糖年度ごとにてん菜糖および甘しゃ糖別に定められている。この制度を利用するには、製糖メーカーはUSDA（米国農務省）が定める生産者保証価格に基づいて、生産者からてん菜またはサトウキビを買い上げることが条件となっている。この融資制度は短期的なもので、融資期間は最大9ヵ月間となっている。製糖メーカーは通常、砂糖年度末（9月末）までに、利息を付した額で返済することとなっている。

ローンレートは2014農業法でも踏襲されており、粗糖については、2011／12年度以降は同18・75セント、また、てん菜糖については、粗糖のローンレートの128・5％相当に規定されており、11／12年度以降は同24・09セントとなっている。（図表5―1）。

また、CCCが没収した砂糖は生産者向けに利用されることもある。すなわち、国内産砂糖の生産過剰が見込まれる際にUSDAが減反計画に参加する生産者に対して、緊急的に減反を実施させたときに、減反面積に応じてCCC所有の在庫砂糖を減反報奨金の代わりに支給し、生産者はそれを市場で販売できることになっている。

3) 販売および輸入割当数量（Marketing Allotments and Allocations）

① 国内産砂糖の販売割当

製糖メーカーの販売量を規制して、国内需給のバランスを図る制度である。販売量は推定砂糖消費量と適正期末在庫（おおむね15％）から、世界貿易機関（WTO）および北米自由貿易協定（NAFTA）のミニマムアクセス数量139万tと期初在庫を差し引いて、国内産砂糖割当量（Overall Allotment Quantity：OAQ）として算出される。

また、推定砂糖消費量の85％を国内産砂糖で賄うこととされており、てん菜糖54・35％、甘しゃ糖45・65％の比率で割当てられる。国内消費量が上回る場合は、粗糖の輸入で手当てする。

図表5－1　ローンレートの見通し

単位：セント／ポンド

	2011/12	2012/13	2013/14	2014/15
粗糖 てん菜糖	18.75 24.09	18.75 24.09	18.75 24.09	18.75 24.09
	2015/16	2016/17	2017/18	2018/19
粗糖 てん菜糖	18.75 24.09	18.75 24.09	18.75 24.09	18.75 24.09

資料：USDA

② 輸入粗糖などの関税割当
(Tariff-Rate Quota Allocation)

ＷＴＯおよびＮＡＦＴＡのミニマムアクセスに基づき、砂糖（粗糖、精製糖）および砂糖調製品に対して、輸入割当を行う。不足が生じた場合は追加割当を行う。このうち輸入粗糖（甘しゃ糖）の関税割当（ＴＲＱ）数量は14／15年度で１１１万７１９５ｔが38ヵ国に割り当てられており、割当内の税率は無税か低税率となっている。このＴＲＱを超えた分やＴＲＱ適用外の国々はkg当たり33・８７セントに引き上げられる仕組みとなっている。

4) ノーコストプログラムの終焉

このように米国の砂糖政策は供給管理による国内産砂糖の余剰発生を図り、基本的に財政負担を用いない方針で進んできた。砂糖については、２００２年から10年間、ほかの農産物と異なり、ＵＳＤＡによる供給管理がうまく機能していたことから、砂糖政策は「ノーコストプログラム」と称されていたが、12／13年度から様相が変わった。

すなわち、ユーザー側は現行の砂糖政策が継続されれば、精製糖の価格が今後５年間、ＵＳＤＡの供給管理の下、高水準で維持されることを見越して、12／13年度から砂糖の供給先をＮＡＦＴＡの下、無税かつ無制限で輸入できるメキシコ産精製糖の輸入量を増加させるとともに、輸入価格の引き下げを図ったのである。

この結果、ＵＳＤＡの供給管理機能は失われ、国内産砂糖が95万ｔにも及ぶ余剰が生じる見込みとなったことから、２０１３年６月に食料安全保障法が改正され、13／14年度にはＣＣＣは総額８５００万米ドル（94億円）をかけて18万ｔの買い入れを行った。また、エタノールプログラム向けにCCCが40万tの買い入れ・売り渡しを行った結果、差損が1億7300万ドル（191億円）も生じたことから、合計2億5800万ドル（285億円）もの財政負担が生じ、10年間続いた「ノーコストプログラム」は終焉を迎えたのである。

(2) EU

1) 改革前のEUの砂糖制度

EUでは、1968年に設けられた栽培農家と製糖業者の価格を保証する砂糖制度による管理が続き、最近までほとんど変更が加えられていなかった。

① 価格支持—介入価格制度—

介入価格とは、欧州委員会が割当の対象となっている数量の砂糖を製糖業者から買い上げる際に支払う工場渡価格で、最低価格の役割を果たしていた。

市場価格が介入価格を割り込んだ際には、加盟各国の介入機関による直接買い上げが認められており、06/07年度までの白糖の介入価格は、1t当たり631・9ユーロに設定されていた。

また、てん菜の最低価格は1t当たり32・9ユーロと決められており、この価格はてん菜を原料とする砂糖の歩留まり、加工マージン、てん菜の輸送費およびてん菜糖の製糖業者が糖蜜の販売で得る収入を加味したうえで、白糖の介入価格に基づき定められた。

② 生産割当—生産割当制度と輸出払戻金制度—

欧州委員会は、支持価格で販売できる砂糖の数量を割当数量として、各加盟国に割り当てていた。割当数量は、さらに、各加盟国内でてん菜糖製糖業者に割り当てられた後、てん菜糖製糖業者が自らの割当枠をてん菜栽培農家に配分していた。

改革前は、生産割当の範囲内で、域内消費向けに仕向けられるA糖および輸出補助金を受けて世界市場に輸出されるB糖、生産割当の超過分で、EU域外への輸出を義務づけられるうえ、輸出補助金の対象とならないC糖とに区分された（ただし、C糖は輸出せずに翌年度に持ち越して、その年の生産量に加えることも可能であった）。B糖は、輸出払戻金制度とよばれる制度によって、輸出される体制が整えられていた。この制度は、域内市場と国際市場の価格の差が補てんされ、割当枠内で生産されたすべての砂糖（A糖およびB糖）に対して、製糖業者に課せられる生産者賦課金を財源としていた。

C糖に関しては、WTOの裁定（後述）が下されるまで、フランス、ベルギー、ドイツ、オランダ、イギリスなどが恒常的にC糖を生産していた。これらの国の製糖業者は生産効率が比較的高く、B糖の販売で高い利益を得ていたため、その利益でC糖を生産することが可能であった。

③ ACP諸国などからの砂糖輸入と再輸出

EUはACP（EUの旧植民地であったアフリカ、カリブ、太平洋諸国であるAfrican, Caribbean and Pacific Group of States の略）からEU域内価格を基本とした高価格で砂糖を輸入し、輸出補助金を付けて域外へ再輸出してきた。

また、精製用粗糖の伝統的供給必要量（Traditional Supply Need—TSN）とよばれる精製数量割当制度が、EU内の精製糖業者に認められ、ACP諸国およびインドから輸入する粗糖はすべてフィンランド、フランス、ポルトガルおよびイギリスの４加盟国で精製された。その粗糖の輸入量と輸入価格は、ＥＵの砂糖制度に則って定められていた。

④ 輸入関税

輸入については、砂糖の輸入量の管理を目的とした輸入関税が、粗糖１t当たり３３９ユーロ、白糖同４１９ユーロに、それぞれ設定されていた。このほかにもＥＵでは、セーフガード条項に従い追加関税が適用されていたが、その関税率は砂糖の国際価格の水準によって変動した。

以上のような政策手段により、砂糖の域内価格は国際価格よりもはるかに高い水準で推移していた。

2) 改革前の制度の問題点

しかし、近年、このような制度を続けていくことに対し、さまざまな課題が発生しきわめて難しい状況となった。

そこでＥＵは２００６年に共通農業政策（ＣＡＰ）改革により、砂糖制度改革を実施したが、その背景として、

・輸出補助金による砂糖の輸出およびＡＣＰ諸国からの輸入粗糖により生産した砂糖の再輸出を違反とするＷＴＯ裁定
・高水準の砂糖介入価格によるてん菜生産から域内の砂糖生産を制限する必要性が生じたこと
・ＥＢＡの原則に基づく後発開発途上国（ＬＤＣ）諸国および２０１５年開始となる経済連携協定（ＥＰＡ）に基づくＡＣＰ諸国からの輸入自由化があった。

① ＷＴＯの裁定

ブラジル、オーストラリア、タイの３カ国（中立国）は２００４年2月、ＥＵの砂糖制度がＷ

ＴＯの規則に違反するとして、ＷＴＯに提訴した。申し立ての内容は、Ｃ糖の域外輸出がＡ糖およびＢ糖による間接的な補助金によって補助された輸出に当たり、また、ＡＣＰ諸国からの砂糖の再輸出についても、ＷＴＯ協定のウェイバー（義務免除）で認められた、補助金付き輸出の枠内に含めるべきというものであった。３カ国の訴えに対して、ＷＴＯは05年5月、中立国に有利な裁定を下した。すなわち、Ｃ糖の輸出や、さまざまな特恵関税取り決めに基づいてＡＣＰ諸国から輸入した１６０万ｔの砂糖の再輸出を禁じ、ＥＵからの砂糖輸出量をＷＴＯで定められた上限の１２７万３０００ｔに制限するというものであった。このため、域内の砂糖生産量に、特恵関税での砂糖の輸入量を加えた数量を消費量とほぼ同じ水準に抑える必要が出てきた。

②「ＥＢＡ（Everything But Arms）の原則」の影響

２００９年10月以降、「ＥＢＡの原則」（ＬＤＣ諸国で生産される武器・弾薬以外の全産品に対し無税、割当制限なしで市場参入を認める措置）により、ＬＤＣ諸国からの輸入は自由化されている。一方、ＡＣＰ諸国からの輸入については、２０１５年以降の自由化を予定しているが、

・ＡＣＰのなかでＬＤＣである国からの合計輸入量が３５０万ｔを超えた場合
・ＡＣＰのなかでＬＤＣ以外の国からの合計輸入量が１６０万ｔを超えた場合

のいずれかで、セーフガードが発動されることとなっている。

③域内価格の是正

ＥＵ内部においても、世界市場の3倍といわれる域内価格を是正するため、介入価格による価格

支持ではなく、ほかの農産物と同様に、CAP改革による、直接支払いへ移行すべきであるという意見が強まってきた。

3) 新制度の概要

このような課題に対応するため、EU加盟国の農業担当大臣は2005年11月、抜本的な改革プログラム案で合意し、06年2月に正式に文書化された。

この改革では、国際約束を遵守する一方、EUの砂糖部門の競争力を強化し、需給バランスのとれた市場を実現し、かつこれを維持することが目標として掲げられている。欧州委員会は、この目標を達成するために、生産割当削減数量の目標を約600万t（生産割当数量の目標値にすると約1300万t）に設定した。以下、従来制度からの主な変更点をあげる。

① 介入価格から参考価格への変更

欧州委員会は、価格支持水準を引き下げるため白糖の介入価格を廃止し、07／08年度から新たな市場価格の基準となる参考価格を導入した。この参考価格は、07／08年度の1t当たり631・9ユーロから2段階に分けて引き下げられ、09／10年度以降、同404・4ユーロとなっている（図表5−2）。

図表5−2
EUの白糖参考価格の推移

単位：ユーロ／t

	白糖参考価格	引き下げ率（累計）（%）
2006/07	631.9	
2007/08	631.9	0
2008/09	541.5	14
2009/10	404.4	36
2010/11	404.4	-
2011/12	404.4	-
2012/13	404.4	-
2013/14	404.4	-
2014/15	404.4	-
2015/16	404.4	-

資料：農畜産業振興機構
注　：2006/07年度までは介入価格。

②生産割当の600万t削減

生産割当削減目標（600万t）の達成は、原則として加盟国の裁量に委ねられており、割当数量の強制削減は行われなかったが、生産調整が着実に進み、2010年9月までに、総割当数量の削減目標600万t（異性化糖、イヌリンシロップを含む）に対し580万tが削減された。

域内の砂糖生産量が大幅に縮小したことで純輸入国に転じ、現在もその状況は続いている。EUは世界の主要な砂糖生産および消費地域であることから、06年の制度改革が国際需給に与えた影響は大きなものであった。

実際の生産は、欧州委員会による生産割当制度に基づき、各加盟国に割り当てられた数量内での生産が行われている。域内の砂糖生産は、てん菜を原料としたてん菜糖が主体となるが、その他ACP／LDC諸国などからの輸入粗糖を原料とした精製糖の生産も行われている。

③生産賦課金の導入

従来の生産者賦課金を廃止し、改革2年目の07／08年度から生産割当数量内の砂糖・異性化糖生産者への直接支払いに充当する財源として、生産賦課金が導入された（白糖12ユーロ／t、異性化糖6ユーロ／t）。この賦課金は、生産者と製糖業者が生産賦課金を平等に負担するため、生産者は製糖業者が負担した生産賦課金の最高50％を製糖業者に支払うこととした。

生産者が受け取る金額は、実際に販売した砂糖（またはてん菜）の販売価格から生産賦課金を差し引いた額となる。

このほか、輸出払戻金制度の廃止やてん菜生産者への補償の引き下げが制度に盛り込まれている。

2 世界の砂糖生産と消費

(1) 世界の砂糖生産

砂糖は現在、世界百数カ国の国で生産され、そのうち約7割が甘蔗糖、残りの3割がてん菜糖となっている。図表5―3に、1984年から5年ごとの世界の砂糖生産量を現した。

国際砂糖機関（ISO）によると、1984年ではまだ1億tにも満たなかったが、近年ではブラジルやインドなどの主要生産国での増産により、2014年には1億7000万tを超えている。

地域別にみると、ヨーロッパでは年間2800万t強の生産量があり、ほとんどがてん菜糖である。世界のてん菜糖の約8割がここで生産されており、さらにその大半はEUが占めている。EUのなかでは、フランスとドイツが2大生産国で、この2カ国でEUの生産量の半分近くを占めている。ヨーロッパ全体でみれば、この2カ国に匹敵する生産量を誇るのがロシアであり、ついでトルコ、ポーランド、ウクライナの順である。06年以降、ヨーロッパの生産量が落ち込んでいるのは、先に説明したように、同年のEUの砂糖制度改革の影響によるものである。

北・中央アメリカでは約2000万tを生産しており、北アメリカではてん菜糖も生産している。

南アメリカは、3500万tの生産量を誇るブラジルを中心に、もっとも生産の伸びが著しい地域である。ほとんどが甘蔗糖の生産国だが、14年では1984年の3倍以上となっている。

これは05年以降、エタノール需要の増大にともない、さとうきびの最大の生産国であるブラジル

図表５－３　国別砂糖生産量

単位：千 t ／粗糖換算

	1984	1989	1994	2011	2012	2013	2014
アゼルバイジャン	-	-	-	13	18	32	32
ベラルーシ	-	-	134	527	592	612	518
EU	13,297	16,733	15,718	16,730	17,002	16,332	17,795
モルドバ	-	-	167	81	85	140	178
セルビア	-	-	-	442	409	501	575
スイス	131	152	130	294	256	219	305
トルコ	1,654	1,565	1,877	2,293	2,193	2,302	2,390
ロシア	8,587	9,532	1,650	4,719	4,838	4,428	4,604
ウクライナ			3,632	2,328	2,226	1,565	2,060
ヨーロッパ計	31,793	33,724	27,537	27,725	27,868	26,178	28,483
カナダ	110	117	168	115	120	97	87
アメリカ	5,342	6,206	6,921	6,438	7,633	7,410	7,204
メキシコ	3,308	3,570	3,849	5,025	5,533	6,578	6,242
北中アメリカ計	19,899	20,288	18,362	17,644	20,373	21,550	21,475
ブラジル	9,259	7,326	12,270	35,926	38,523	37,497	35,530
キューバ	7,783	7,579	4,017	1,187	1,434	1,501	1,640
コロンビア	1,177	1,523	1,964	2,209	2,078	2,127	2,398
南アメリカ計	14,321	12,362	17,953	42,951	45,660	44,352	51,105
日本	876	998	826	649	681	671	690
タイ	2,550	4,338	4,168	10,480	9,985	9,794	9,284
フィリピン	2,578	1,878	2,098	2,542	2,511	2,366	2,400
インドネシア	1,759	2,171	2,461	2,228	2,576	2,553	2,525
韓国	0	0	0	0	0	0	0
中国	3,450	5,350	6,325	10,517	11,950	13,132	12,529
インド	6,635	9,912	11,745	25,849	26,857	22,971	26,028
アジア計	22,173	28,764	33,533	59,454	62,808	60,459	63,586
南アフリカ	2,276	2,293	1,777	1,832	1,966	2,355	2,117
エジプト	780	947	1,190	1,863	1,941	1,919	1,924
モーリシャス	610	602	530	435	409	405	377
アフリカ計	7,080	7,600	7,228	9,299	9,596	10,464	10,452
オーストラリア	3,627	3,877	5,222	3,612	4,361	4,225	4,665
フィジー	484	466	543	184	149	210	238
オセアニア計	4,146	4,385	5,802	3,833	4,548	4,467	4,938
世界計	99,412	107,124	110,414	161,210	171,156	167,737	172,354

資料：国際砂糖機関「ISOSugar Year Book」
注　：ヨーロッパは 1994 年以前は EEC（欧州経済共同体）、
　　　ロシアは旧ソ連のデータを使用している。

でさとうきびの収穫面積が急拡大し、砂糖の生産量も増加したためである。

以前はキューバがこの地域最大の生産国であったが、近年は経済状況の悪化や設備の老朽化などにより、大幅に生産量を減らしている。14年の生産量は1984年のおよそ2割程度となっている。

アフリカも近年生産量が伸びている地域の一つであり、14年では1000万tを上回る生産量があった。この地域の最大の生産国は南アフリカ共和国で、ほとんどが甘蔗糖である。

オセアニアでは、約500万tを生産しており、そのほとんどがオーストラリアである。

地域別にみると、アジアは南アメリカを上回る生産量を有し、近年の砂糖生産の伸張もめざましい。1984年では2000万t台だったが、94年には3300万t、そして2014年には6400万t近くまで拡大しており、世界一の生産地域となっている。生産国には、ブラジルにつぐ世界第2位のインドを筆頭に、中国やタイ、インドネシア、フィリピンなどがある。大部分が甘蔗糖だが、中国や日本、イランではてん菜糖も生産している。韓国は地理的な条件や気候がさとうきびやてん菜の栽培に適していないことから、国内生産が皆無で国内需要のすべてを輸入糖に依存している。また、輸入した粗糖を精製し再輸出する加工貿易を行っている。

(2) 世界の砂糖消費

世界の砂糖の消費量は、人口の増加などにより、堅調な伸びを示しており、15/16年度では、1億8000万tを超える見通しである。なかでも、最大の消費国であるインドが人口の増加や所得水準の上昇にともない大幅に増加し、インド以外では中国やブラジルなど経済発展を遂げている国で大きく消費を伸ばしている。

この５年間で砂糖消費量における国別割合の変化を図示したのが図表５―４である。

３　世界の砂糖貿易

世界の砂糖生産が１億７０００万ｔを超えているのに対して、実際に貿易市場で取引される量は６５００～６６００万ｔ程度で、生産量の３分の１程度に過ぎない。

従来、世界の貿易市場で取引される砂糖は、大部分が甘蔗糖で、原料糖の形で輸出され、消費地で精製されていた。ところが、近年、ＥＵのてん菜糖（耕地白糖）や甘蔗糖の耕地白糖、精製糖の

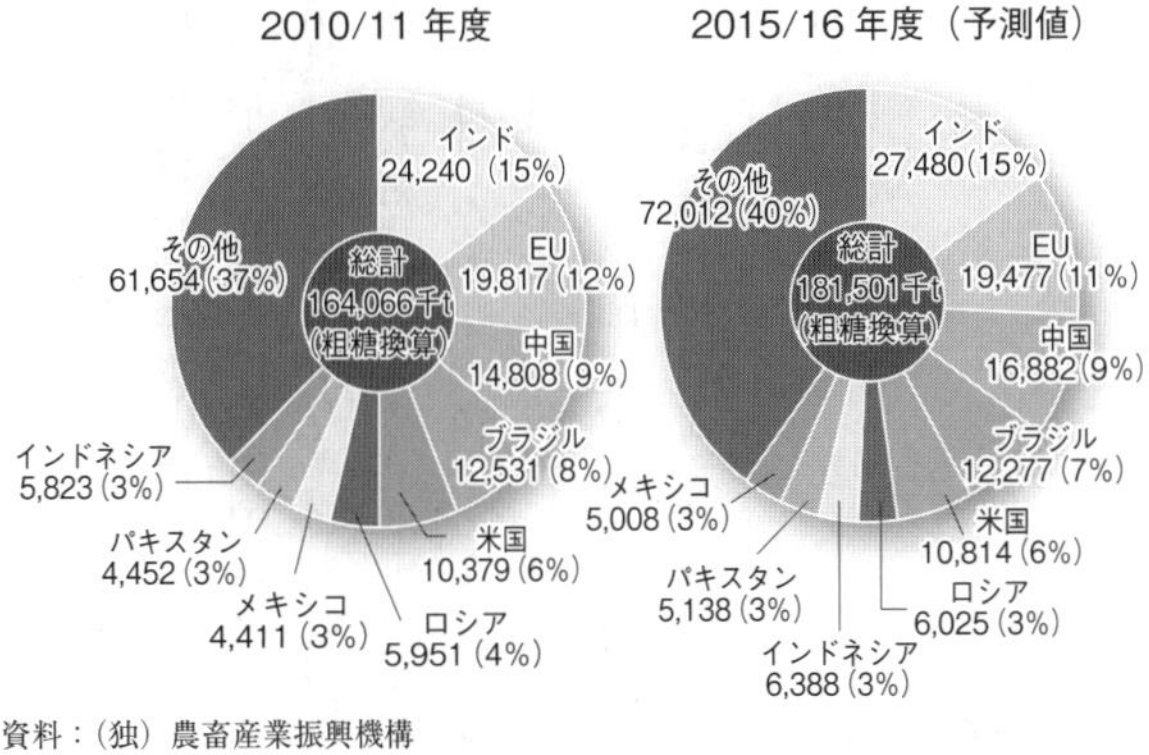

資料：（独）農畜産業振興機構

図表５－４　砂糖消費量の国別割合

輸出も増えている。

過去5年間（15／16年度は予測）の世界の輸出入国の変化をみたのが図表5—5である。輸入国でみると顕著なのが中国をはじめ新興国である。中国ではこの5年間で約3倍まで輸入が増えており、消費が伸びていることを意味している。その他、ペルシャ湾岸諸国（アラブ首長国連邦、カタール、クウェート、バーレーン）やアルジェリア、ミャンマーでも輸入が大きく伸びている。輸入が増える場合には、国内の生産が不足に陥り輸入で賄う場合と、経済成長にともない消費が伸び輸入を増やす場合の2通りがあるが、これらの国々は後者であることは間違いない。

また、この5年間の輸出量の変化をみると、ブラジルが減り、タイやオーストラリア、グアテマラが大きく伸ばしている。その他、インドやメキシコなどが主な輸出国となっている。10／11年度では世界の砂糖輸出量の50%近くを占めていたブラジルは輸出量が減ったとは言え、40%近くを占めており、依然世界一の輸出国の座は譲っていない。輸出量は原料のサトウキビの豊凶作や為替水準、各国の政策により大きく変動するため、5年間の変化では、なかなかわからない部分もある。

また、原料糖を輸入、精製し、白糖として再輸出する国がある。米国、中国、韓国、マレーシアなどで、その量は相場や需給状況に大きく左右される。

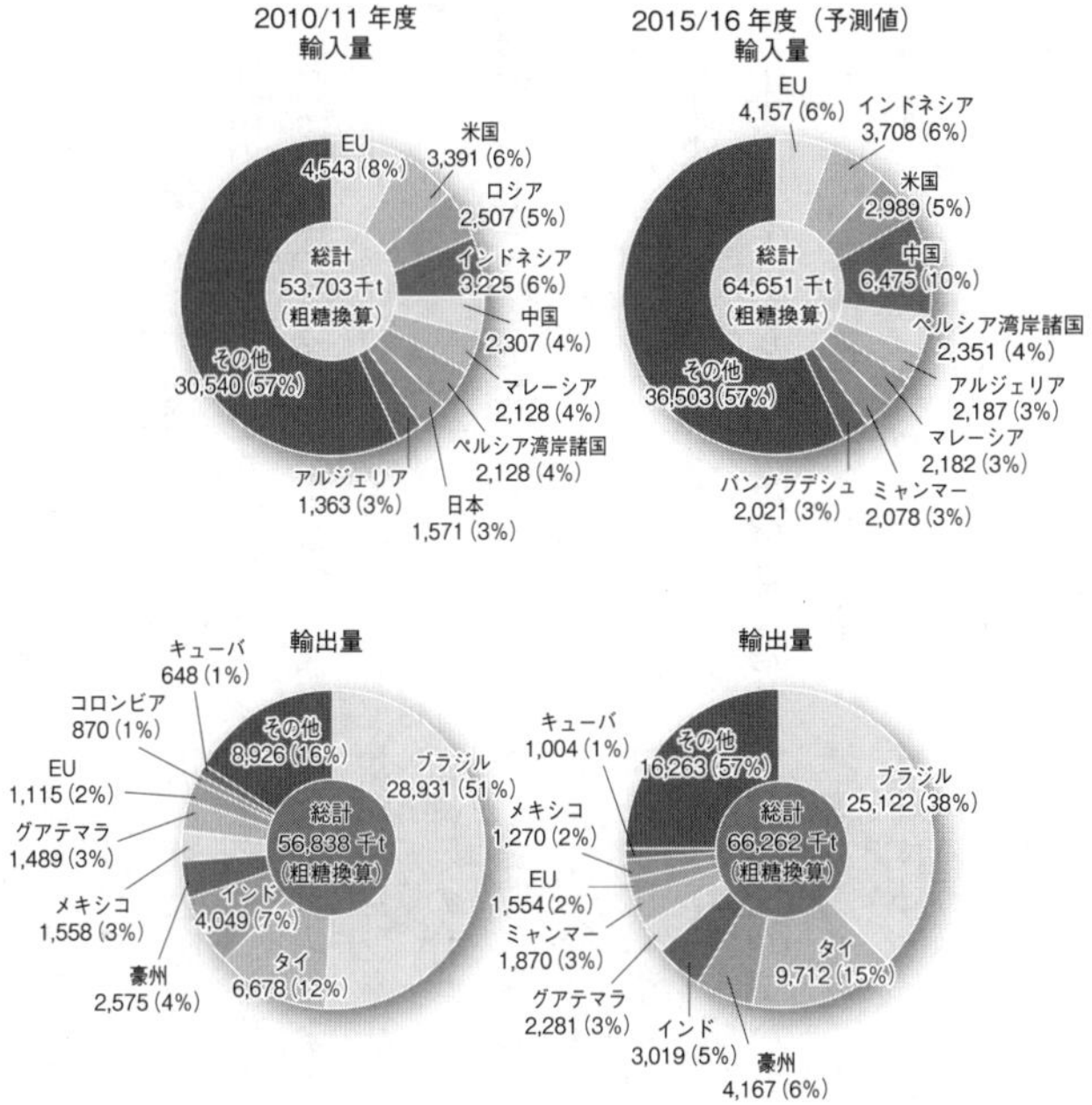

資料：(独) 農畜産業振興機構

図表5－5　世界の砂糖貿易の変化

第6章

砂糖の調理特性

本章では原則、砂糖の用語を使用する。ただし、厳密な記述が必要なときには〝スクロース〟も使用することにする。

1 甘味料としての砂糖の特性

(1) 味について

料理には栄養素以外にも、匂い、味、テキスチャーのような食味や見た目などの重要な要素がある。なかでも味は、料理を食するときに、もっとも重要なファクターであり、そのファクタターを感ずるのはヒトの舌や口腔内にある味蕾《みらい》細胞である。味蕾細胞は基本味である塩味、甘味、酸味、苦味、うま味の刺激を受け、その刺激を脳に伝える役目があり、その伝えられた刺激で大脳皮質や前頭葉は味を認識することになる。味は同じ味、たとえば、甘味であれば化学構造に違いがあっても化学構造のなかに、ある間隔をもって水素供与基や水素受容基が立体的に配置されていれば、味蕾細胞の甘味受容体にその甘味成分は結合する。その結果、脳は甘味成分を甘味として認識することになる。味蕾細胞に刺激を与える味の強さは、味蕾細胞の受容体との相性の良さに左右されると考えられている。

基本味の成分が味蕾細胞に刺激を与える最小の濃度を閾値とよんでおり、基本味の成分の温度が変化すると、基本味によっては閾値が変化する。図表6―1に示したように、甘味は温度が低いと閾値が高く、人間の体温である36℃付近で、閾値は最

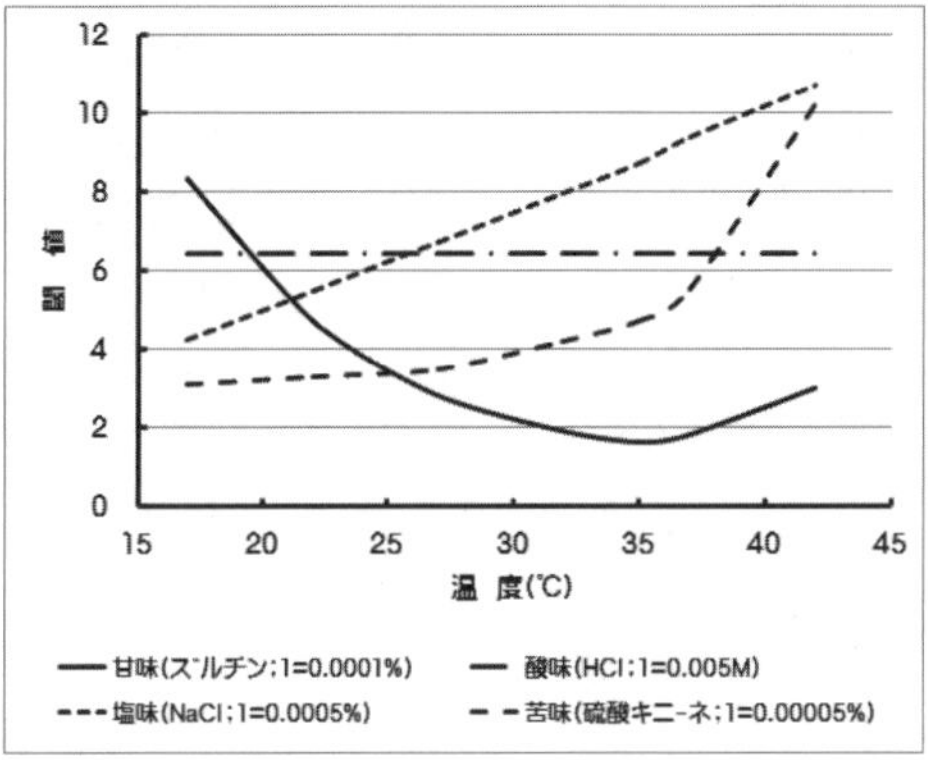

図表６－１　基本味の閾値に及ぼす温度の影響

低となる。すなわち、甘さを一番感じるのは、体温付近となることを示している。ちなみに、塩味は温度が高いほど感じなくなり、酸味は温度が変わっても変わらず、苦味は体温付近までは緩やかに感じなくなるが、それ以後は急激に感じなくなる。このように、味にはそれぞれ特性があり、なかでも甘味は他の基本味とかなり異なる特性を示す。

(2) 甘味

① 各種糖の甘味度

種々の糖の甘味度は測定方法や測定条件により数値が異なり、確定的な数値はない。図表６―２には、今までに報告された値を整理して得られた甘味度を示す。それによると、スクロースを１００とした場合、グルコースは60～70、フラクトースは１２０～１５０、マルトースは35である。

図表6－2　主な糖質系甘味料の甘味度

糖の種類	甘味度
スクロース	100
グルコース	64 ～74
α-グルコース	74
フラクトース	115～173
α-フラクトース	60
β-フラクトース	180
α-ガラクトース	32
β-ガラクトース	21
α-マンノース	32
β-マンノース	苦み
ラクトース（乳糖）	16
パラチノース	42
マルトース（麦芽糖）	40
マルトトリオース	30
マルトテトラオース	20
マルトペンタオース	15
ラフィノース	23

一方、種々の条件で測定した甘味度の閾値は、スクロースで0・171～0・548％、グルコースで0・721～1・621％である。

糖質の甘味度は通常、単糖の結合数が増加するにしたがい低下する。たとえば、α－グルコースは74、マルトースは40、マルトトリオースは30、マルトテトラオースは20となる。

② 温度と甘味度

ほとんどの甘味料は、温度の影響で甘味度が変化する。甘味度が温度による影響を受けないスクロースの甘味度を100とすると、図表6－3のように、フラクトースは低温で甘味を強く感じるが、温度の上昇とともに急激に減少する。グルコース、マルトース、ガラクトースなどもフラクトースほどではないが、同様である。この傾向は、単糖の各種の立体（または光学）異性体の存在比が温度により変化するために起こる現象である。

典型的なのはフラクトースで、その例をみると、図表6−4のように水溶液中のフラクトースは、低温時では甘味度180を示すβ−フラクトピラノースが甘味度の低いα−フラクトフラノースに比べ、存在割合が高い。ところが、温度の上昇とともにβ−フラクトピラノースの存在割合が低下し、逆にα−フラクトフラノースやβ−フラクトフラノースの存在割合が高くなる。それゆえ、β−フラクトピラノースがフラクトース全体に占める割合が温度の上昇とともに減少するため、甘味度も温度の上昇とともに低下することになる。

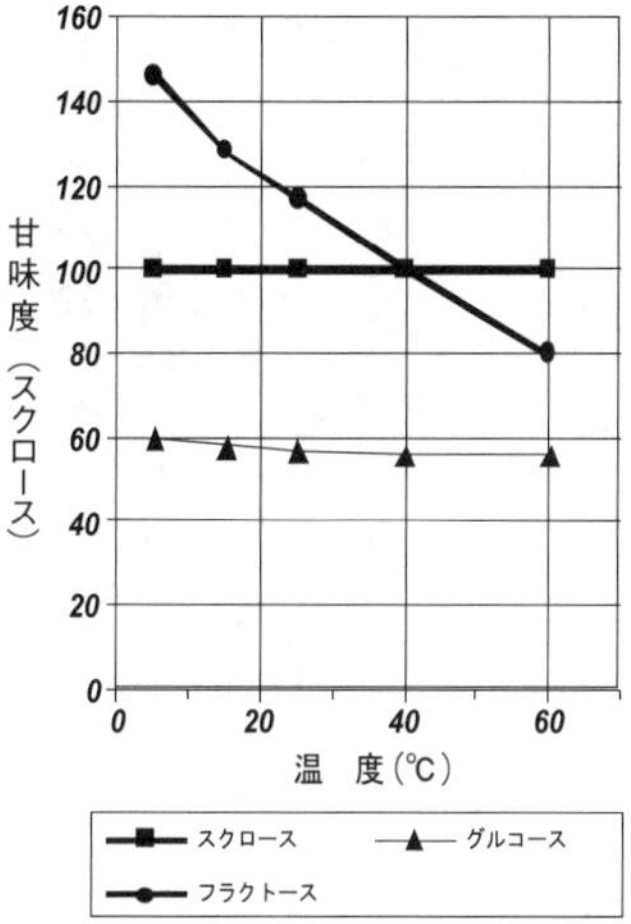

資料：学会出版センター「季刊化学総説」

図表6−3　各種糖類の甘味度と温度の関係

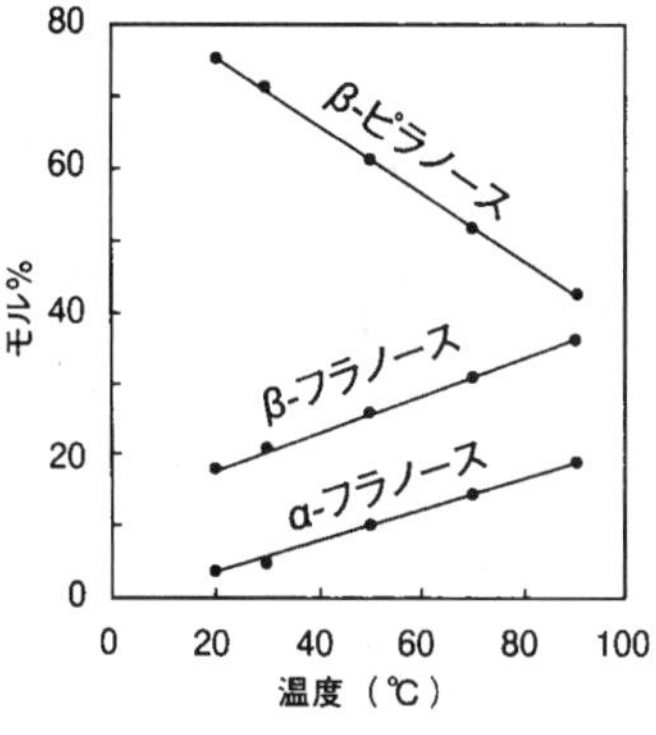

資料：東京堂出版「砂糖の事典」

図表6−4　フラクトースの各種立体異性体の存在比に及ぼす温度の影響

一方、スクロースはグルコースとフラクトースが$\alpha 1$, $\beta 2$結合しているため、温度による立体（または光学）異性体の存在比に変化はなく、したがって、甘味度は温度による影響を受けず、甘味度は変わらない。さらに、スクロースはフラクトースを除く、単糖や二糖のなかでもっとも甘い糖質系天然甘味料である。

(3) スクロース、グルコース、フラクトースの甘味応答の違い

各種糖の甘味に対するヒトの感受性を見ると、フラクトースの甘味の発現が一番早く、かつ甘味の消失も3種類の糖のなかで一番速い。反対にグルコースは甘味の発現も消失も一番遅く、スクロースはその中間にある。甘味の発現や消失が速い甘味料は甘味の切れがよく、残存する甘味がないために清涼感を与える。反対に甘味の発現や消失が遅いと、切れが悪く、甘味が長く残るために刺激が長く続き、重厚（しつこい）な感じを与える原因となる。

2 調理・加工における砂糖の役割

(1) 水分活性と砂糖

① 水分活性とは

水分活性は1950年代に食品学の分野で、食品における微生物の生育に影響を与える水の働きの程度を比較する概念として導入された。食品中で微生物が生育するうえで、水は不可欠の因子であるが、そのなかで微生物が繁殖に利用できるのは自由水だけである。それゆえ、微生物の繁殖の難易をこの自由水の割合で示すことが可能で、こ

の割合を示したのが水分活性である。水分活性の単位は０~１の値を取り、この値が低いほど、微生物の繁殖が困難になることを示している。

水分活性A_wは食品を密閉容器に入れたときの水蒸気圧P、その温度における純水の蒸気圧P_0とすると、次のようになる。

$$A_w = P/P_0$$

一方、食品を雰囲気中に放置した場合に吸湿・放湿が起こらなくなる平衡になった状態、すなわち、食品からみると平衡水分量、雰囲気からみると平衡湿度である平衡相対湿度の１／１００は水分活性と同じ値となる。

微生物が一定の水分活性以下で発育できなくなる値を生育最低水分活性とよび、大部分の細菌は０・９０以下、酵母は０・８７以下、カビは０・８０以下である。

② 水分活性に及ぼす砂糖の影響

砂糖液の水分活性は、図表６―５のように濃度が高くなるにつれて低下し、飽和溶液では０・８５となる。固形の砂糖では、水分活性に対して還元糖

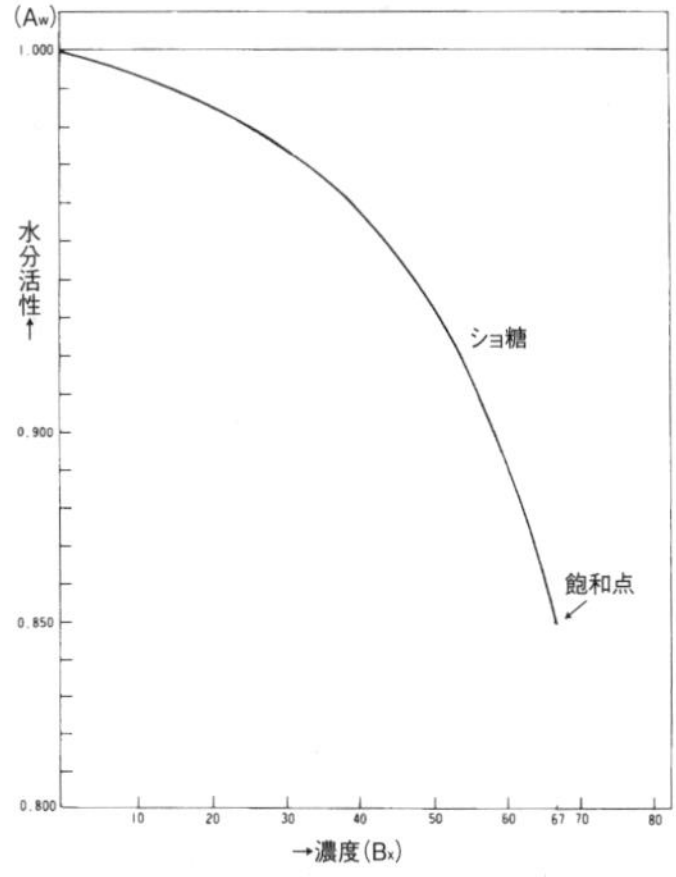

資料：（財）科学技術教育協会「砂糖の科学」

図表６－５　砂糖液の水分活性と濃度

含量、温度、粒径が影響する。たとえば、還元糖2・0%を含み、粒径が50～60メッシュで、平衡水分が1・42%である上白糖では水分活性が0・78となり、平衡水分が0・81%の上白糖では0・66、平衡水分0・30%の上白糖では0・43となる。

果物や野菜を長期に保存するためには、水分活性を低下させることが効果的である。その典型が果物や野菜の糖漬、ジャム、ママレード、羊かん、あんなどの加工食品である。これらの食品は、砂糖を多く加えることにより、水分活性を低下させ、微生物の繁殖を防ぎ防腐性を高めている。

(2) ゲル形成と砂糖

① ゲル形成能と砂糖の関係

コロイド粒子が溶液中で凝結して流動性を失った状態をゲルとよび、一般にはゼリーともよばれている。ゲル形性能を有する物質としては寒天、ペクチン、たん白質などがある。

一方、砂糖自体にはゲル形成能はないが、ゲル化（ゼリー化）に対して影響を与える。一般的に寒天、ペクチン、ゼラチンなどは砂糖濃度が高いほど、よりゲル化する。さらに、ペクチンのような場合には有機酸が共存すると砂糖だけの場合よりもゲル化がより進行する。

図表6—6はペクチンがゲル化したときの化学構造で、ペクチンを構成するガラクツロン酸の水酸基やカルボキシル基（-COOH）がお互いに水素結合し、巨大な網目構造の分子を構成する。pHが高い状態であると、カルボキシル基が解離してイオン化するため、ペクチン同士の会合が起こらず、ゾルの状態のままとなる。また、砂糖が少ないとペクチン溶液中の自由水がガラクツロン酸の

水素結合を邪魔するので、ゲル化が起こらない。逆にpHが低いと水素イオンの影響によりカルボキシル基の解離が抑えられるので、ゲル化が起こりやすくなる。一方、砂糖の濃度が高いと、自由水が減少するため、イオン化が抑えられ、ゲル化が進行することになる。

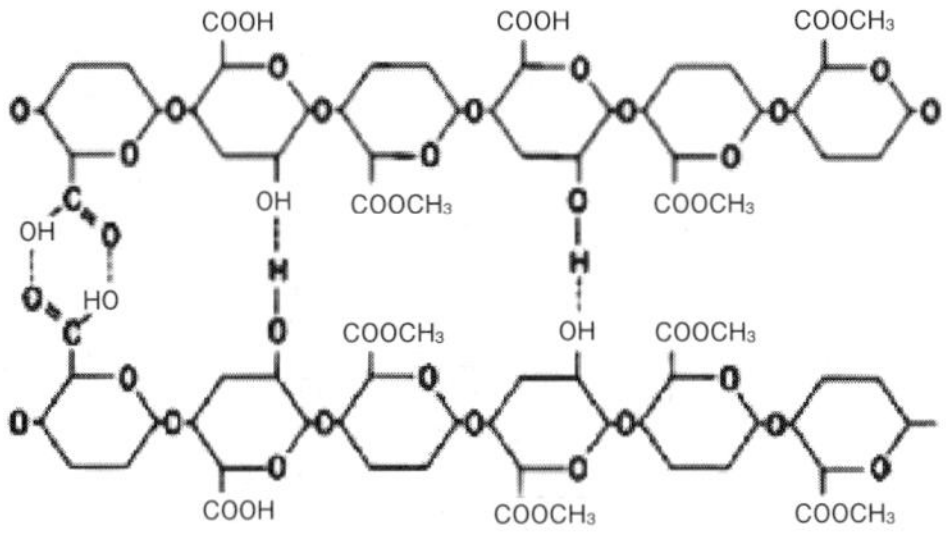

資料：(財) 科学技術教育協会「砂糖の科学」

図表6－6　ゲル化したペクチンの構造

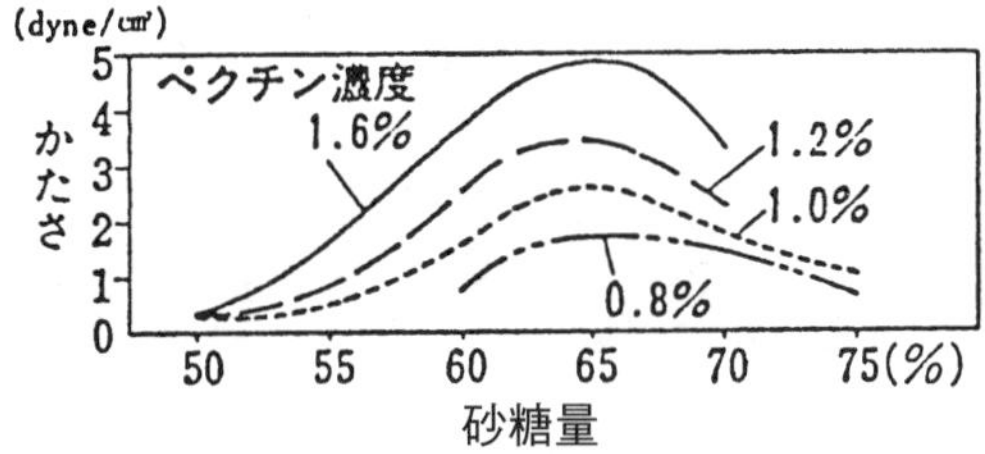

資料：柴田書店「洋菓子材料の調理科学」

図表6－7　ペクチン濃度と砂糖濃度の関係

② ペクチンと砂糖

甘味を付けること以外に、イチゴや柑橘類のジャムを作る際に砂糖を加えるのは、ペクチンをゼリー化(ゲル化)してジャム状にするためである。図表6―7のように、ゼリーの固さと砂糖濃度の関係では、砂糖の量が約65%のとき、最大の固さとなる。ペクチン濃度との関係では、ペクチン濃度が高いほどゼリーは固くなる。しかし、ペクチンの濃度が低くても高くても、砂糖の濃度が約65%を頂点に固さは減少する。ゲル化は前述したように、pHと深い関係にあり、ゲル化には砂糖の濃度が約65％のとき、pHを3・2以下にする必要がある。また、ゲル化では酸量が少ないとき、すなわち、pHが高いときには砂糖の量を増やし、反対に酸量が多いときには砂糖の量を減らすとよい。

(3) でん粉の老化防止に及ぼす砂糖の効果

① でん粉の老化とその特徴

天然の生でん粉（でん粉粒）を水に分散し、加熱すると、生でん粉は結晶構造が崩れ、糊化でん粉となる。さらに、この糊化でん粉を放置すると、自発的に生でん粉のような不溶性の状態に変化する。この変化を老化といい、でん粉が分子間相互で自然に会合し、部分的に密な構造に移行する状態である。

一般にα-1,4結合からなるアミロースは、中性または酸性下で老化しやすいのに対し、α-1,6結合の分岐を多くもつアミロペクチンは老化しにくい。また、アミロースの老化は不可逆的で、老化は初期段階で終了するが、アミロペクチンの老化は長時間継続し、その結晶化は可逆的である。それゆえ、アミロースとアミロペクチンからなる天然のでん粉は、老化しても加熱すれば容易に糊化でん粉に戻る。

でん粉の老化には、水分の含量が深く関係しており、でん粉中の水分が50～60％であるともっとも老化が進行し、水分量10％以下では老化がほとんど起こらなくなる。逆に、水分含量が非常に多いときでも老化しにくくなる。これは、自由水としての水が非常に多いと、でん粉の分子間相互の会合が起こりづらいために老化が起こらず、他方、自由水である水が少ないときには、でん粉の分子間相互の会合がところどころで起こるが、それ以上の会合は起こらないので老化が進まないことによる。

② 砂糖の添加と老化防止

でん粉の老化を調べるために、しん粉（うるち米粉）で団子を作り、上白糖を添加して硬度の経時変化を観察したところ、図表6―8のように添加量が多いものほど硬くならないことが明らかになった。このことは、でん粉の老化が砂糖の添加で進行を遅らせることができることを示している。

図表6－8　しん粉に及ぼす上白糖の添加量と硬度の関係

添加量		0%	5%	10%	20%
貯蔵日数	0	100	96	94	91
	1	186	178	143	99
	3	500	472	345	269
	5	727	674	543	408

注　：貯蔵温度：18 ± 2度、硬度（g）：硬度を測定し、上白糖無添加を100として、その割合を示す。

一般に、糖質は老化の進行を抑制し、その抑制効果は単糖類よりスクロースのような二糖類の方が大きいことが知られている。糖質の老化防止の効果は、自由水の脱水と糊化でん粉の分子間の結合を阻害することによるものと考えられている。

(4) たん白質の熱変性に及ぼす砂糖の影響

① たん白質の熱変性

たん白質は20数種類のアミノ酸がペプチド結合し、分子量が1万～数百万に達する巨大分子となったものである。たん白質はアルブミンなどからなる筋漿たん白質、筋原繊維に存在してグロブリンからなる構造たん白質、結合組織に存在してコラーゲンやエラスチンが主成分の基質たん白質に分けられる。ペプチド結合によりなる一次構造の巨大分子のたん白質は、水素結合やジスルファイド結合（-S-S-）で、コンフォメーションとよばれる高次構造を形成し、粒状、繊維状、網状となる。ところが、いずれのたん白質もポリペプチドの高次構造を支えている水素結合やジスルファイド結合は、比較的弱い結合のため、外部からの刺激により簡単に切れて構造が崩れて変性する。

この変性を起こす要因としては、加熱などの物理的要因と強酸・強塩基・重金属イオンの添加などの化学的要因がある。加熱により凝固する変性を熱凝固性とよび、卵白が加熱により白く固まる現象が代表的なものである。たん白質の熱凝固は、たとえば、粒状のアルブミンが主成分である卵白液を加熱し、内部温度を測定することで凝固の状態を知ることができる。他方、卵白の濃度が高くなると凝固しにくくなり、凝固温度は高くなる。

② たん白質の熱凝固と砂糖の関係

たん白質の凝固温度や凝固状態は、砂糖などの添加により変化する。たとえば、卵白液に砂糖を加えると卵白の凝固温度は上昇する。さらに、砂糖の添加量を増やすと、凝固温度が上昇すると同時に柔らかいゲルになる。

卵白液の凝固温度と加熱時間およびスクロースの濃度の関係をみると、スクロースの濃度を0％、20％、40％と順次増やすと凝固温度は約3℃ずつ上昇し、凝固の開始時間もそれに応じて長くなる。このことは、加熱中のたん白質分子の高次構造がスクロースの添加で崩れるのが抑制され、卵白アルブミンの変性を抑えるものと考えられている。

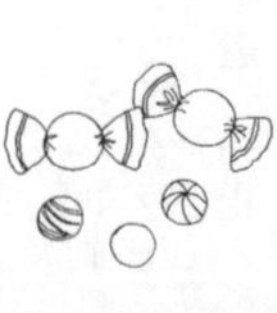

第7章 砂糖にかかわる関連法規など

1 砂糖製品の規格

(1) 日本における砂糖製品の規格

現在、わが国において砂糖について定められた規格はない（ただし、医薬品用については、日本薬局方に基づいた規格が定められている）。

この理由としては、

・砂糖が昔から使われているなじみ深い食品であること。

・主たる原材料が限られていること（甘蔗・てん菜）。

・製品自体に大きな差がなく、品質がきわめて均一で安定していること。

・メーカーによる成分の違いがほとんどないこと。

があげられる。

日本における食品の規格としては「日本農林規格」、通称JAS規格が知られているが、これは飲食料品および油脂、木質建材等のうち「一般消費者が購入に際してその品質を識別することが特に必要」と認められ、「その経済的利益を保護するために品質表示の適正化が特に必要と認められるもの」について規格および品質表示基準を制定し、遵守を義務づけてきたものであり、すべての食品について規格を定めているわけではない。

飲食料品および油脂のJAS規格については、2015（平成27）年6月現在、38品目に155規格定められている。糖類ではブドウ糖、異性化糖にJAS規格が定められているが、砂糖には定められていない。

なお、JAS法上の品質表示基準の内容については、2015年4月の食品表示法の施行（後述）にともない、同法上の「食品表示基準」に移管された。

⑵ 砂糖製品の国際規格

一方、国際的な食品の統一規格としては、コーデックス規格（FAO／WHO国際食品規格）がある。この規格は1963（昭和38）年に、FAO（国連食糧農業機関）とWHO（世界保健機関）が共同で策定したもので、食品の国際貿易を円滑に進めるための統一規格が求められたことによる。ここでは砂糖もブドウ糖、水あめ、蜂蜜、乳糖などの糖類と並んで対象となっており、製品の区分によって糖度、転化糖・灰分・水分などの含有量、色調などの基準が図表7―1のように示されている。

一方、わが国の砂糖製品の平均的な成分表は第2章図表2―3の通りとなっている。

わが国で製造、販売されている砂糖をコーデックス規格に当てはめると、次のようになると推定される。

・**ホワイトシュガー**……グラニュー糖・白ざら糖・角砂糖・氷砂糖
・**プランテーションホワイトシュガー**……ビートグラニュー糖
・**粉糖**……粉砂糖
・**ソフトホワイトシュガー**……上白糖・ビート上白糖
・**ソフトブラウンシュガー**……三温糖

先の規格と成分表を比較すれば、わが国の砂糖製品はかなりの高水準で規格をクリアしていることがわかる。

図表7－1　砂糖類の主たる規格要件

区分	定義[3]	必須組成・品質要件					食品添加物
		糖度	転化(還元)糖	灰分	水分	色（ICUMSA）	亜硫酸
ホワイトシュガー	精製された結晶状の砂糖で、糖度99.7度以上のもの	99.7以上	0.04%以下	0.04%以下	0.1%以下	60以下	15mg/kg以下
プランテーション（ミル）ホワイトシュガー	精製された結晶状の砂糖で、糖度99.5度以上のもの（いわゆる「耕地白糖」）	99.5以上	0.1%以下	0.1%以下	0.1%以下	150以下	70mg/kg以下
ソフトホワイトシュガー	粒子の細かい、精製されたしっとりとした白糖で、ショ糖分と転化糖の含量の合計値が97.0%以上のもの	97.0%以上[1]	0.3～12.0%	0.2%以下	3.0%以下	60以下	20mg/kg以下
ソフトブラウンシュガー	粒子の細かい、精製されたしっとりとした明～暗褐色の砂糖で、ショ糖分と転化糖の含量の合計値が88.0%以上のもの	88.0%以上[1]	12.0%以下	N/A[2]	4.5%以下	N/A[2]	20mg/kg以下
パウダードシュガー	細かく粉砕した白糖（固結防止剤添加の有無を問わず）	99.7以上	0.04%以下	0.04%以下	0.1%以下	60以下	15mg/kg以下

資料：ＦＡＯ／ＷＨＯ国際食品規格（コーデックス規格）（抜粋）
注　：1．ショ糖と転化（還元）糖の含量の合計値。　2．N/A：not available　3．英語による原文を筆者が訳した。

一方で、２０１５年10月現在、含蜜糖のうち黒糖の規格については検討中であり、その他含蜜糖、ヤシ糖、メープルシロップや加糖調製品などが該当する規格は存在しない。

２　砂糖製品の表示にかかわる関連法規など

(1) 総論～食品表示制度の統一

従来、食品表示についての一般的な事項を定める法規としては「食品衛生法」、「ＪＡＳ法」、「健康増進法」の３つがあった。しかし、それぞれ目的の違う法規の規定を確認しなければならず、煩雑でわかりにくいものとなっていた。

そこで、これら法規の食品表示に関する規定を統合し、食品表示に関して消費者・事業者双方にとってわかりやすく、統一された包括的かつ一元的な制度の創設を目的に、２０１５年４月、「食品表示法」が施行された。

その他、砂糖製品の表示にかかわる法規としては「計量法」、「資源有効活用利用法」がある。以下、それぞれの法規で砂糖製品にかかわる部分について見ていきたい。

(2) 法規における砂糖製品の表示

① 食品表示法

食品表示法においては内閣府令としての「食品表示基準」により、具体的な表示方法が定められている。

前述の通り、同法施行前は、食品の品質にかかわる表示については「食品衛生法」、「ＪＡＳ法」、「健康増進法」の３法に規定されていたが、これらがすべて「食品表示基準」に統合・統一された形になった。

食品表示基準上、砂糖は「加工食品」に分類される。消費者向けに販売される加工食品に必要な表示事項は、1)名称、2)保存の方法、3)消費期限又は賞味期限、4)原材料名、5)添加物、6)内容量、7)栄養成分の量および熱量、8)表示内容に責任を有する者の氏名または名称および住所、9)製造所または加工所の所在地および製造者または加工者の氏名または名称、の9項目となっている(9は8)と同一の場合は省略できる)。

砂糖製品への表示について見ていくと、表示事項のうち2)の保存の方法と3)の消費期限または賞味期限については省略できる旨が同基準に明記されている。

1)の名称については、以前は食品衛生法上の表示指導要領に「食品及び添加物の名称の例示」(名称を大分類、中分類、小分類に分けて例示していた)が記載されていたが、今回の食品表示法施行にともなって廃止された。食品表示基準には、「表示をしようとする加工食品の内容を表す一般的な名称」を表示するものと記載されている。

4)の原材料名に関連して、黒糖および黒糖加工品について「原料原産地表示」が義務づけられている。原料原産地表示とは「加工食品の原料に使われた一次産品の原産地に関する表示」のことで、2016年1月現在、22の食品群および4品目(農産物漬物、野菜冷凍食品、うなぎ加工品、かつお削り節)に義務づけられている。ここで言う「黒糖」とは、食品表示法上「黒砂糖」の表示が認められている製品を、「黒糖加工品」とは製品の原材料および添加物に占める黒糖の重量の割合が50%以上の製品を指す。

なお、黒糖および黒糖加工品以外の砂糖製品については、原料原産地表示の義務はなく、単一原料の場合は表示が免除されるが、各社製品には「原料糖」、「砂糖」等の表示がなされている（後述）。

5）の添加物については、これまで同様、原則として含有する食品添加物はすべて表示しなければならず、三温糖に着色料としてカラメルを使用した場合などには表示の必要がある。また、今回の法改正により、表示する際には原材料と添加物を明確に区分することが新たに義務づけられた。（140頁参照）。

ただし、従来同様、製造用材＝加工助剤（製造工程では使用されるが、製造過程で除去・中和などをされることで、最終製品に残存しない場合）、キャリーオーバー（製品の原材料中に含まれているが、ごく微量で期待される効果が出ない場合）、小包装製品（表示面積30㎠以下の場合）等には表示が免除される。

精製糖製造に関しては、製造用材のケースが当てはまる。すなわち、砂糖の精製工程において使用される水酸化カルシウムやイオン交換樹脂が製造用材にあたるが、これらは最終製品には残存しないため、表示は免除されている。

7）の栄養成分の量および熱量は、今回の法改正で新たに表示が義務化された事項である。これまでは任意表示で、表示に関する規定は健康増進法上の「栄養表示基準」で定められていたが、今回の法改正で消費者の日々の健康や食生活管理による健康増進への寄与に資することを目的に、熱量（カロリー）、たん白質、脂質、炭水化物およびナトリウムの量の表示が義務づけられたものである。なお、ナトリウム量は食塩相当量に換算した量を記載することとなっている。

9)の製造所の所在地および製造者の氏名または名称の表示については、あらかじめ消費者庁長官に届け出た「製造所固有記号」の表示をもって代えることができる。これは、同一製品を2か所以上の製造所で製造しているなど、包材の共有化によるコスト削減のメリットが生じる場合に認められるもので、今回の食品表示法施行にともない、製造所が1か所の場合は同記号の表示はできず、規程通り製造所の所在地および製造者の氏名または名称の表示が必要になる。

また、２００８（平成20）年4月より導入された、業者間で取引される加工食品の原材料となる生鮮食品や加工食品への表示義務についても食品表示法に引き継がれ、消費者向け製品に準ずる表示が義務づけられている。また、「内容量」は食品表示法上の表示義務はないが、砂糖は計量法上表示の義務がある（後述）。

なお、今回の新たな表示への移行については、加工食品については施行後5年間（２０２０年3月31日まで）の猶予期間が設けられている。

② 計量法

計量法とは、適正かつ合理的な計量制度の確立により、経済発展・国民生活の安定・消費者利益の保護を目的とするもので、同法では政令で定める「消費生活関連物資（特定商品）」について、一定の誤差の範囲（量目公差）内に適正に計量されることを義務づけている。２０１５年12月現在、特定商品には29品目が定められており、砂糖もこの特定商品に指定され、内容量の表示義務とその量目公差について規定されている。

砂糖に対して適用される量目公差は、図表7—2の通りである。

ただし、消費者に不利益とならない超過の場合には適用にならない。また、特定商品を密封して販売する場合には、容器または包装に量目（重量）を表記することが義務づけられているが、砂糖については、「細工もの」および「すき間なく直方体状に積み重ねて包装した角砂糖」は表示が免除されている。

図表7－2　砂糖に適用される量目公差

表示量	誤差
5g 以上 50g 以下	4%
50g 超 100g 以下	2g
100g 超 500g 以下	2%
500g 超 1kg 以下	10g
1kg 超 25kg 以下	1%

③ 資源有効活用利用法

同法は「容器包装リサイクル法」関連の法律である。

容器包装リサイクル法は、消費者向け製品の容器包装廃棄物についてのリサイクル責任を規定した法律で、消費者・自治体・事業者それぞれが果たすべき役割について規定されている。

そのうち、消費者には「分別排出」が果たすべき責任として課せられているが、消費者が適切な分別ができるように容器包装に包装素材の識別表示を義務づけている法律が「資源有効活用利用法」である。

具体的には、図表7—3にあるようなマークを包装に表示することとなっており、プラスチック製容器包装については、その材質についても表示することが望ましいとされている。砂糖製品については、消費者向け小袋製品などの包装に使用されているポリエチレン袋がこれに当たる。

(3) 砂糖製品表示の具体例

これまで述べてきた通り、食品表示に関する規定は、2015年4月に食品表示法に統合された。砂糖製品に関する表示については、新たに義務化された栄養成分の量および熱量の表示以外、従来と大きく変わるものではない。また、前述の通り、新たな表示への移行については5年間の猶予期間が設けられているが、本書では新しい規定に基づいた具体的表示例を図表7—4、7—5に示す。

① 名称

前述の通り、食品衛生法上の指導要領中の表示例は廃止されたが、「三温糖」は従来から使用され、食品衛生法上の表示例として記載されていた名称であり、食品の内容を表す

プラ
PE

プラスチック、
PEはポリエチレン

図表7－3
容器包装識別マーク

名　称：三温糖
原材料名：原料糖／着色料（カラメル）
内容量：1kg
保存方法：におい移りや虫の侵入を防ぐため、専用の容器に入れて保管して下さい。
製造者：東京都○○区△△町1-1
●●製糖株式会社　+A00
お客様対応窓口：フリーダイヤル：0120-000000
ホームページ：www.abcdefg.co.jp

図表7－4　砂糖製品の表示例

図表7－5　栄養成分の量および熱量表示の記載例

栄養成分表示 100 g当たり	
熱量	○○ kcal
たん白質	▲▲ g
脂質	◆◆ g
炭水化物	■■ g
ナトリウム	◎◎ mg
(食塩相当量	×× g)

一般的表示とみなしてよいであろう。

② **原材料名**

本例の場合、着色料としてのカラメルについて添加物表示が必要になるが、今改正により表示上原材料と添加物を明確に区分することが義務づけられた。本例では、スラッシュ（／）で区分しているが、改行して区切る、あるいは表示事項として「添加物名」を設けて記載する方法もある。

③ **内容量**

許容誤差については、計量法により規定され、1kgの場合の許容誤差（量目公差）は10ｇとなっている。

④ **保存方法**

砂糖には定められた保存方法はないので、法令上の表示義務はないが、固結や移り香などが起こる可能性があることから、図表7―4のような表示がなされている製品が多い。

⑤ **製造者**

食品表示法上、表示内容に責任を有する者の氏名または名称および住所と、製造所または加工所の所在地および製造者または加工者の表示義務が課されているが、表示例では前述した製造者固有記号（＋Ａ００）を表示している。

⑥ **お客様対応窓口**

法律上の表示義務はないが、商品への疑義が生じた場合の問い合わせ先として、消費者対応上、各社、問い合わせ先の記載を行っている。

⑦ **ホームページアドレス**

これも法律上の表示義務はないが、ホームページを運営している場合は、消費者が商品情報などを検索できるよう、表示することが望ましい。

⑧ 栄養成分の量および熱量の表示

今回新たに表示が義務づけられた栄養成分の量および熱量の表示については、図表7―5のように記載することとなる。

まず、記載する数値についての「食品単位当たり」の量（表示例の場合100g中）を記載し、それぞれの成分および熱量について、食品表示基準に定められた方法で測定された一定値もしくは下限値および上限値を記載する。食塩相当量については、砂糖のようにナトリウム塩を添加していない場合は、表示例のようにナトリウム量と食塩相当量の併記表示を行うことができる。なお、ナトリウムの表示単位は原則㎎となっている。

その他、資源有効活用利用法に基づき、包装材質の識別表示が義務づけられている。

3 その他砂糖にかかわる関連法規など

(1) 砂糖およびでん粉の価格調整に関する法律

第4章で述べた通り、わが国においては砂糖の原料作物を生産している農家の所得安定と国内産糖の製造事業者の経営安定を通じて、国民に対し砂糖の安定価格による安定供給を行うことを目的に、標記法律に基づく政策が採られている。

具体的には、主に精製糖の原料となる輸入糖と国内産糖の価格を調整するため、輸入糖について、輸入申告の際に一定金額の調整金を輸入量に応じて輸入者（主に精製糖メーカー）から徴収し、これに国からの財源を加えて、原料生産農家および国内産糖製造事業者に交付金を交付する仕組みになっている。

なお、本法の元となる法律は、1965（昭和40）年制定の「砂糖の価格安定に関する法律」（糖価安定法）であるが、その後の改正により、1982（昭和57）年には異性化糖が対象に加わり、輸入糖同様、一定額の調整金が徴収されている。また、2007（平成19）年にも、でん粉についても砂糖と同様、調整金による政策の採用にともない改正が行われ、法律の名称も標記のように変更となった（詳細は第4章参照のこと）。

(2) 食品衛生法上の農薬に関する規定について

食品衛生法の製品表示にかかわる部分については、食品表示法に移行した。ここでは、表示以外で砂糖にかかわる農薬使用について述べる。

2003（平成15）年の改正では、原則としてすべての農薬について残留基準を設け（ポジティブリスト制）、基準値を超える残留値が含まれている食品の流通を禁じることとなり、2006年5月29日より完全施行となった。

わが国の精製糖の原料となる原料糖に関しては、輸入原料糖では輸入商社を通じて、また、国内産原料糖についても関連団体を通じて、使用農薬への調査を行ったうえ、使用された農薬については、原料糖で検査を行っている。また、製品である精製糖についても検査を実施している。

(3) 糖類に関する強調表示等について

これまで健康増進法上の「栄養表示基準」に規定されていた、菓子・飲料等に記載されている「無糖」、「シュガーレス」、「ノンシュガー」、「低糖」、「微糖」といった表示基準についても、2015年4月以降は食品表示法に基づく「食品表示基準」に移行したが、糖類について、その含まれる量が「少ない」、「ない」という表示を行う場合の規定について変更はない。

同基準における基準は以下の通りとなっている。

・含まれない旨の表示をする場合（ノン、レス、ゼロ、無など）の糖類の含有量……食品100g当たり（飲料100mℓ当たり）0・5g未満

・少ない旨の表示をする場合（低、微など）の糖類の含有量……食品100gあたり5g以下、飲料100mℓ当たり2・5g以下

なお、同基準における「糖類」の定義は「単糖類及び二糖類」とされている。したがって、砂糖以外、具体的にはブドウ糖、果糖、乳糖といった糖類の含有量も本基準の対象となる。しかし、そのなかでキシリトールやエリスリトールなどの糖アルコールと称される類のものは対象外となっている。

また、似たような表示で「甘さ控えめ」、「砂糖不使用」といった表示がみられるが、これらは前述した規定値が適用されるものではない。ただし、「砂糖不使用」表示については、別途、今回の法改正で「糖類無添加」表示とともに、表示する際に一定の基準が設けられることになった。

（参考）食品表示基準上の定義

・炭水化物……100－（水分＋たん白質＋脂質＋灰分）

・糖質……炭水化物－食物繊維

・糖類……単糖類および二糖類（糖アルコール類は除く）

・消化性糖質の熱量（カロリー）……4kcal

(4) アレルギー物質と砂糖

昨今、乳幼児を中心に食物アレルギーが増加している。最悪のケースでは生命にかかわる重篤な症状となる危険性があることから、政府は消費者への適切な情報提供のため、2001(平成13)年に食品衛生法施行規則を改正し、アレルギー物質を含む食品に関する表示の規定を設けた。

具体的には、国内外の事例についての専門家の調査の結果、発症度や重篤度から使用について「義務表示」とする食品と、「義務表示ではないものの可能な限り表示することが望ましい」食品を掲げている。当該表示の規定についても、今回の食品表示法施行にともない、同法に基づく「食品表示基準」に移行した。

2015年4月現在、「義務表示」となっている食品は以下の7品目である。

・えび、かに、小麦、そば、卵、乳、落花生

一方、「義務表示ではないものの可能な限り表示することが望ましい」とされている食品は以下の20品目である。

・あわび、いか、いくら、オレンジ、キウイフルーツ、牛肉、くるみ、さけ、さば、大豆、鶏肉、バナナ、豚肉、まつたけ、もも、やまいも、りんご、ゼラチン、カシューナッツ、ごま

砂糖の原料である甘蔗やてん菜などについては、右に掲げたリストには入っていない。

(5) 遺伝子組み換え農産物と砂糖

最後に、遺伝子組み換え農産物と砂糖との関係について触れる。

日本国内において遺伝子組み換え農産物を開発・栽培したり、食品や加工食品の原材料として

使用したりする場合は、それぞれの過程においての安全性について認可を受けなければならない。たとえば、農産物としての認可とその栽培の認可とは別であり、農産物自体の安全性が認可されたとしても、栽培段階での安全性が認可されなければ、国内で栽培することはできない。また、食品および食品の原材料として使用する場合は、遺伝子組み換えである旨の表示が義務づけられている。当該表示の規定についても、今回の食品表示法施行にともない、同法に基づく「食品表示基準」に移行した。

砂糖の原料である甘蔗・てん菜についてであるが、甘蔗については、２０１５年11月現在、わが国で安全性が確認されている遺伝子組み換えによる甘蔗はない。したがって、当該甘蔗を原料とした砂糖および砂糖を使用した加工食品の生産・輸入・販売などはなされておらず、法的にも認められない。

てん菜については、２０１５年11月現在、調理用として3品種の安全性が確認されている。一方、国内で流通しているてん菜糖についてはすべて国内で栽培されているてん菜を原料としており、国内では遺伝子組み換えのてん菜栽培はされていない。したがって、日本国内で遺伝子組み換えのてん菜を原料とする砂糖の生産・販売はなされていない。

第8章

砂糖と健康

本章では原則、砂糖についてはスクロースを、ブドウ糖についてはグルコースを、果糖にはフラクトースを使うことにする。また、上市されている、いわゆる製品としての砂糖であると解される場合には、スクロースの代わりに”砂糖“を用いることにする。

1 栄養素と炭水化物

(1) 栄養と栄養素

栄養とは、「生物が代謝を営むために、外界から必要な物質を体内に取り込むこと」である。端的にいえば栄養とは、「食物で身体を養う」ということにつきる。そこで、栄養を理解するには代謝という現象を理解しなければならず、栄養とは代謝の目的論的な側面であるとみてもよい。しかし、このような概念は現在、人々が思い浮かべる栄養という定義からは範囲が狭く、かつ物足りないように感じられる。現在の栄養の概念のなかには前述の定義に加え、より積極的に「食が生命の基調をなすもので、食を通してヒトの健康増進や生きることへの満足感を与える」ことが栄養であると考えるのが自然であろう。

一方、ヒトは外界からいろいろな物質を体内に取り入れ、それを利用して生命を維持しているが、栄養素とはその体内に取り入れるいろいろな物質を指しており、通常は食物の形で体内に取り入れられる。栄養素にはエネルギー栄養素（熱量素）と構成栄養素（構成素）があり、エネルギー栄養素としては炭水化物（糖質）と脂質が、構成栄養素としてはたん白質がある。これらの炭水化物、脂質、たん白質は3大栄養素とよばれ、生命の維持にとくに必要な成分である。スクロースはエネルギー栄養素として重要な炭水化物の一成分である。

(2) 栄養としてのエネルギー

① エネルギー栄養素の摂取

生物、とくにヒトを含む動物がエネルギーを補給するには、エネルギー栄養素を摂取することになる。ヒトの場合、エネルギー栄養素の摂取量は、必要とするエネルギーから求めることができる。同時に必要とするエネルギーは特別な事情、すなわち、子どもや妊婦・授乳婦などでない場合、ヒトが生命活動を維持するのに消費するエネルギーと「イコール」でなければならない、ということになる。

そこで、必要とするエネルギー、エネルギー必要量を求めればよいことになるが、どのようにしてエネルギー必要量を求めるかが重要となる。一般に特別な事情がない場合、「必要とする1日当たりのエネルギー＝消費する1日当たりのエネルギー」と考えて、1日当たりのエネルギー必要量を求めることになる。その結果、1日当たりのエネルギー消費量を求めることができれば、1日当たりに摂取するエネルギー栄養素の量も求めることが可能になる。

② エネルギー消費量・必要量と推定必要量についての考え方

妊婦や授乳婦を除く成人の場合、1日当たりのエネルギー消費量、総エネルギー消費量は「基礎代謝量」、「身体活動にともなうエネルギー」「食事による産熱」で構成されている。一方、乳幼児では自己成長に必要な組織を形成するのに使用されるエネルギーが加わる（自己成長にともなう組織増加分に相当するエネルギー蓄積量は、エネルギー消費量に算入しない）。妊婦は胎児の成長にともなう組織の増加分に相当するエネルギー、授乳婦は母乳のエネルギーや体重減少に相当するエネルギーなどを考慮する必要がある。このため、エネルギー必要量は、

エネルギー必要量＝総エネルギー消費量
＋組織の増減に相当するエネルギー

となる。しかし、妊婦や授乳婦を除く成人は「組織の増減に相当するエネルギー」を考慮する必要がないので、「エネルギー必要量＝総エネルギー消費量」となる。したがって、成人がエネルギー必要量以上にエネルギーを摂取すれば、消費されないエネルギー栄養素は、中性脂肪の形で主に脂肪組織に蓄積されて体重増加と体脂肪率の増加をもたらし、最終的に「肥満」として顕在化する。一方、成人がエネルギー必要量よりも低いエネルギーしか摂取していない場合、脂肪組織の中性脂肪が低下し、同時にたん白質量も減少し、最終的に「やせ」として顕在化する。

ところが問題は、エネルギー必要量を求める方法がないことである。そのため、通常は「年齢、性別、身長、体重と健康な状態を損なわない身体活動量を有するヒトについて、エネルギーの出納が0（ゼロ）になる確率がもっとも高くなると推定される習慣的なエネルギー摂取量の1日当たりの平均値」と定義される「推定エネルギー必要量」を用いる。

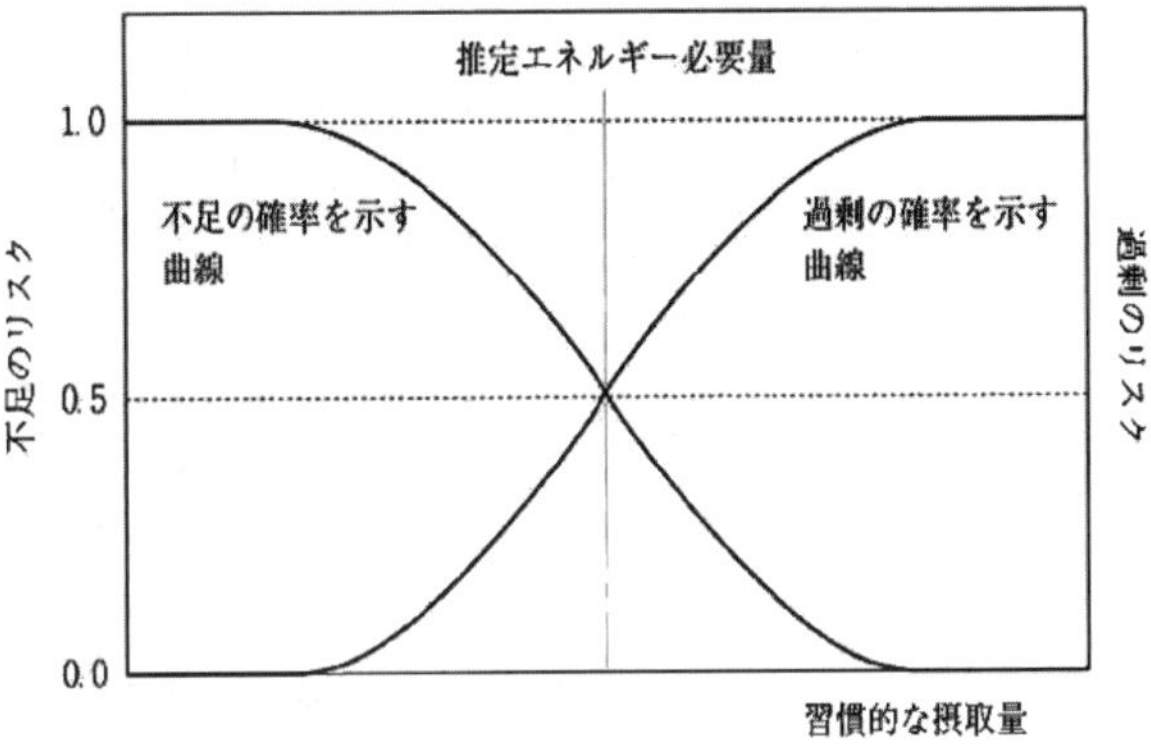

資料：第一出版「日本人の食事摂取基準 2010 年版」

図表８－１　推定エネルギー必要量の概念

推定エネルギー必要量は、図表8－1のように「不足のリスク」を示す曲線（不足の確率を示す曲線）と「過剰のリスク」を示す曲線（過剰の確率を示す曲線）の交点であり、ほかの栄養素とは異なり、許容量のような概念は存在しない。しかし、実際には図のように、両リスクの交点から推定エネルギー必要量は求められないので、次式から求める。

推定エネルギー必要量 (kcal/ 日)
＝基礎代謝基準値（kcal/kg 体重／日）
×身体活動レベル×体重（kg）

③基礎代謝量と身体活動レベル

早朝、空腹時に快適な室内で安静仰臥位・覚醒状態のときに消費されるエネルギーが基礎代謝量で、体重1kg当たりの消費エネルギーで示される値を基礎代謝基準値（kcal/kg 体重／日）とよんでいる。通常、基礎代謝基準値は年齢、性別ごとに求められており、個々人の基礎代謝量は年齢、性別ごとの基準体重にこの値を乗ずることで求められる。ちなみに、基礎代謝量は18～29才男性で24 kcal/kg体重/日、30～69才で22.3～21.5kcal/kg体重/日であり、女性はそれぞれ22.1 kcal/kg体重/日と21.7～20.7 kcal/kg体重/日である。

一方、身体活動レベルとは、主に身体活動量の指標であり、二重標識水法で測定した総エネルギー消費量から、

身体活動レベル＝総エネルギー消費量（kcal/日）/基礎代謝量（kcal/日）

で求められる。

具体的には、身体活動レベルの低い1・6未満のレベルⅠは「生活の大部分が座位で、静的な活動が中心」の場合である。活動レベルが普通の1・6～1・9（代表値1・75）のレベルⅡは「座位中心の仕事だが、職場内での移動や立位での作業・接客など、あるいは通勤・買い物・家事・軽いスポーツなどのいずれかを含む」場合に該当する。活動レベルの高い1・9以上（代表値2・0）のレベルⅢは「移動や立位の多い仕事に従事したり、あるいはスポーツなど余暇における活発な運動習慣をもっている」人が対象となる。

④推定エネルギー必要量と炭水化物

通常、エネルギーの供給源は、たん白質と脂質由来のエネルギーを除くと、残りのすべてが炭水化物（普通、グルコースが基準）である。その最低必要量は100g/日と推定されている。しかし、体内では乳酸やアミノ酸から、あるいは脂肪組織のグリセロールから糖新生で生成するグルコース

が供給されることから、人によっては、これ以下の量でも十分に満たされることも調査で明らかとなっており、この値が「真に必要な最低量」を意味するのではないことも事実である。

このことから、「真に必要な炭水化物の量」を求めることができないので、身体活動レベルⅡの成人の場合の推定エネルギー必要量を基に、炭水化物の摂取量をエネルギー換算で、性および年齢別に算出すると、必要とするエネルギーに占める炭水化物からのエネルギー摂取量は、60〜72％の割合となる。たとえば、30〜49才の男性で基礎代謝量が22.3kcal/kg 体重／日、体重が68・5kg、身体活動レベルⅡの係数が1・75であるとすると推定エネルギー必要量は、

1657〜1925（kcal）＝22.3×68.5×1.75×(0.60〜0.72)

となる。

この値を基に炭水化物の必要量を計算すると419〜482g／日となる。女性の場合は条件が男性と同じであるとして計算すると、炭水化物として312〜362g／日が必要となる。

⑤ 身体の組織とエネルギー源としてのグルコース

エネルギー栄養素である炭水化物は、単糖あるいはこれを最小単位とする重合体を指しているが、体内ではほとんどがグルコースとなって代謝される。身体はエネルギー源として、炭水化物以外に、脂質をβ−酸化して直接使用するが、身体の組織の中には、エネルギー源としてグルコースを優先的に利用する組織がある。神経組織、赤血球、腎尿細管、精巣、酸素不足の骨格筋などは、例外はあるが、主にグルコースを利用しているし、脳は飢餓状態のときにケトン体を使用していること

とを除き、通常の状態では優先的にグルコースを利用している。ヒトの脳は体重の2%程度（成人男女の脳の重さ1200～1500g）の重さであるが、脳でのエネルギー消費量は、基礎代謝量の約20%であるといわれている。仮に、基礎代謝量を1500kcal/日とすれば約300kcal/日となり、グルコースとして約75g/日を脳は利用していることになる。

(3) 食品中の糖質のエネルギー

① 糖質と炭水化物

アメリカや多くの国がそうであるように、食品中の糖質に関しては食品中のすべての糖質を定量することが困難であり、不可能である。そこで、炭水化物は「差し引きによる炭水化物」として示している。

『日本食品標準成分表』も炭水化物は「糖質＝炭水化物」ではなく、次式で示した「差し引きによる炭水化物」である。「差し引きによる炭水化物」は食品100gより、

炭水化物量＝100－（たん白質＋脂質＋灰分＋水分）

から求める。

現在、七訂日本食品標準成分表（2015年版）が公表されたが、社会的なニーズに対応するため、炭水化物に関しては従来の本表以外に、新たに炭水化物成分表を作成することにしている。本成分表にはヒトが利用できる炭水化物の成分について、可食部100g当たりのでん粉、グルコース、フラクトース、麦芽糖、スクロース、乳糖、トレハロースおよび糖アルコールのソルビトールとマンニトールの含有量を「利用可能炭水化

物」として収載することにしている。ただし、含有量は、単位として、「単糖当量／100g」となり二糖類やでん粉に対する換算係数は各々1・05、1・10である。

② 糖質のエネルギー値

糖質がもつエネルギーについては明確な定義はなく、「どうエネルギーを計算するが」ということにつきる。代表的な糖質であるグルコースが純化学的に二酸化炭素まで完全に燃焼した場合、放出されるエネルギーは674kcal/mol（3.74kcal/g）となる。この数値を食品としての糖質に当てはめると、一般的な法則、すなわち「原系と生成系とが同一であるなら、その反応過程がどのような経路をとろうと、発生するエネルギーは同じである」となるので、糖質が燃焼して二酸化炭素になっても、糖質が体内で代謝されて二酸化炭素になっても、発生するエネルギーは、同じであると考えることができる。ただし、食品のエネルギーを考えるときには、単純にこの考えを適用できるわけでなく、消化・吸収・代謝・排出などを考慮に入れて計算する必要がある。食品のエネルギーを最初に測定したAtwater博士とその共同研究者も化学的燃焼値を基に、消化・吸収あるいは損失などを考慮に入れて求めた数値、いわゆる、Atwater換算係数として知られている生理的燃焼値を求め、食品成分表に利用した。

日本での食品のエネルギー値は、「食品の可食部100g当たりの値」としており、日本食品標準成分表には食品番号・食品群別、さらに4段階で分類した食品ごとに、「エネルギー換算係数」で計算した炭水化物のエネルギー値と脂質・たん白質から求めたエネルギー値を合算して、可食部100

g当たりのエネルギー値として示している。

　日本食品標準成分表のエネルギー換算係数としては、脂質9kcal/g、糖質4kcal/g、たん白質4kcal/gとして知られるAtwater換算係数が加工食品に適用されているほか、消化・吸収などの民族的な違いを考慮した科学技術庁「日本人におけるエネルギー測定調査」に基づくエネルギー換算係数が食品群の穀類などに、「FAOのエネルギー換算係数」が"砂糖および甘味類"に用いられている。そのため、同じ"砂糖および甘味類"に属する糖でもエネルギー値に違いがでてくる。精製糖(甘蔗糖)やてん菜糖のエネルギー値は3.87kcal/g、グルコースやフラクトースは3.68kcal/gであるが、一方、穀類中の炭水化物に対して、白米や小麦粉などには4.20kcal/g、そば粉には4.16kcal/gとしている。また、アルコールに対しては、FAO/WHO合同特別委員会報告のエネルギー換算係数、7.1kcal/gが用いられている。

　このことから食品のエネルギー値は、ヒトにおける食品中の各種成分の消化・吸収率を計算し、その値に各糖質の燃焼値を乗して求めることになる。たとえば、小麦粉は消化・吸収率が99・6%で、主成分のでん粉の平均燃焼値は4.2kcal/gであるので、炭水化物のエネルギー換算係数は4.19kcal/gとなる。

③ エネルギー供給量とエネルギー摂取量との関係

　私たちは、食事として出された料理を、かならずしもすべて食べるわけではなく、飲みものも残す場合がある。さらに、調理の際に食品の一部が失われることもある。このようなことから、実際に供給された食品のエネルギーよりも摂取したエネルギー量の方が少ないことは明らかである。

　日本における食糧のエネルギー供給量は、1人当たり2588kcal／日と推定されている。一方、エネルギー摂取量は、1人当たり平均で1920kcal／日となっている。そこで「エネルギー摂取量／エネルギー供給量」の比をみると、その値は74・2％となり、約26％が食べられずに捨てられたり、調理・加工により失われたりしていると推定できる。

糖質系甘味料の摂取量に関して、WHOは十分な科学的根拠を示していないが、総エネルギー摂取量の10％を超えない量を推奨している。日本の厚生労働省も「日本人の食事摂取基準」のなかで、この数値を引用している。10％とすると糖質系甘味料は1人当たり49.6g／日となる。糖質系甘味料の「摂取量／供給量」の比が食料の「エネルギー摂取量／エネルギー供給量」の比とほぼ同じであると仮定すると、糖質系甘味料は1人当たり66.8g／日、供給すればよいことになる。ここ十数年、1人当たりの年間の糖質系甘味料の供給量は、ほとんど変わらず、実情を2009年度でみると、糖質系甘味料は、1人当たり69.5g／日の供給量となっている。

最近、WHOは糖質系甘味料の摂取量について見直しを行い、総エネルギー摂取量の10％の代わりに、添加糖として5％を超えない量を推奨しているが、厚生労働省は従来の値、10％を変更する考えはないとしている。

2 スクロースの代謝

(1) スクロースの消化・吸収

ヒトがスクロースを摂取すると、口腔内から胃に入り小腸に移動して、腸内腔刷子縁にあるスクラーゼで加水分解され、フラクトースとグルコースになり、ただちに隣接する小腸上皮細胞の単糖輸送体に補足・吸収される。吸収されたフラクトースとグルコースは、図表8―2に示すように、毛細血管から門脈を通り肝臓に達する。肝臓ではほとんどのグルコースが血糖として血液を介して組織に送られるが、一部は肝グリコーゲンや筋肉グリコーゲンとなり蓄えられたり、一部は「解糖系↓TCAサイクル↓電子伝達系」でエネルギーになったり、さらに一部は解糖系を介して脂質合成に使われる。一方、吸収されたフラクトースの一部は、腸粘膜細胞でグルコースとなるが、残りのフラクトースは、肝臓でフラクトキナーゼによりリン酸化されてフラクトース1―リン酸となり、さらに、アルドラーゼでグリセルアルデヒドやグリセロール3―リン酸、ついで、アセチルCoAとなり中性脂肪の合成やエネルギーの産生に使われる。

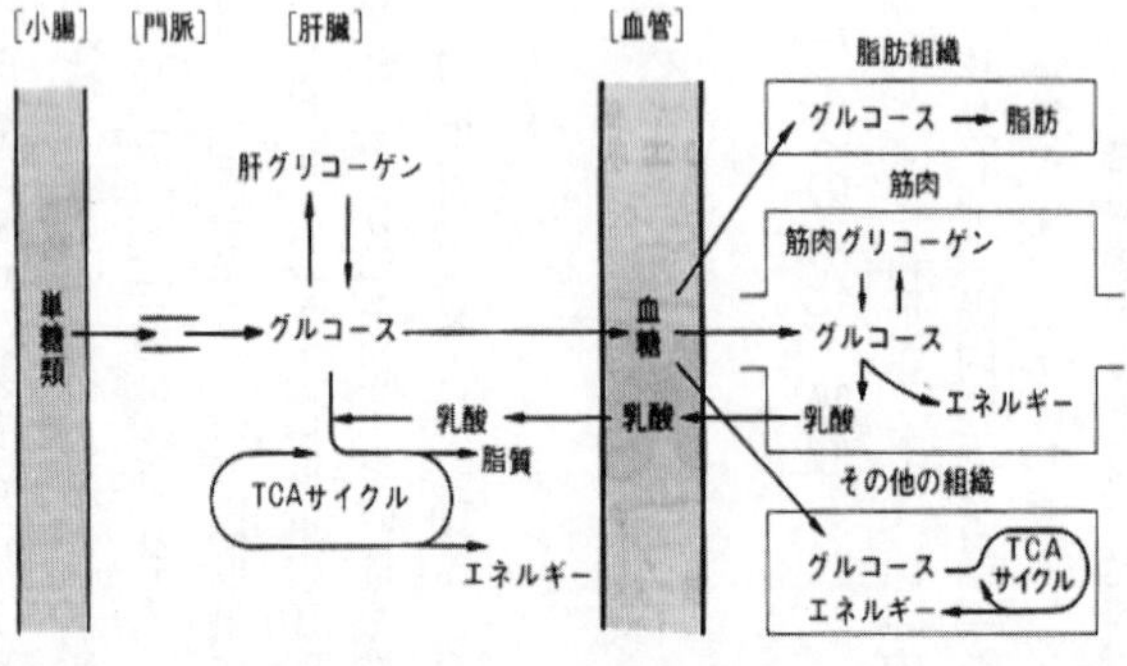

図表8－2　単糖の吸収と移動

(2) グルコースの代謝—エネルギーの産生

① 解糖（EMP）系

血糖として、組織細胞に供給されたグルコースのほとんどは、細胞溶質（サイトゲル）中の解糖系で分解されてピルビン酸となる。その過程で酸化型ニコチンアミドジヌクレオチド（NAD^+）を還元し、還元型ニコチンアミドジヌクレオチド（NADH）を生成するとともに、アデノシン２リン酸（ADP）を高リン酸化してアデノシン３リン酸（ATP）を生成する。

解糖系を図表８—３に示したが、図のように、ATPでリン酸化されたグルコースは、フラクトース６—リン酸となり、さらにATPでリン酸化されてフラクトース1,6—ジリン酸となる。このフラクトース1,6—ジリン酸がアルドラーゼにより分解されてトリオース（三炭糖）リン酸となり、

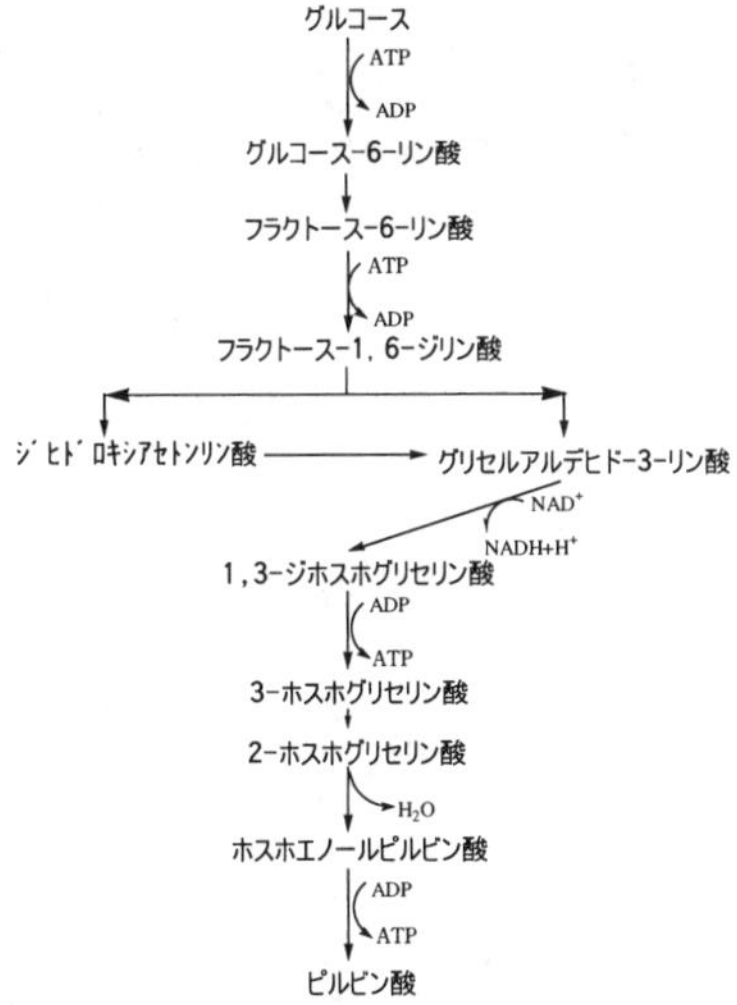

図表８－３　解糖（EMP）系 - グルコースの分解経路

さらにNAD^+で酸化されて最終的にピルビン酸とNADHを生成する。このピルビン酸はアセチルCoAとなり、ミトコンドリア内のTCAサイクルに導かれる。それゆえ、グルコース1モルからピルビン酸2モルが生成する過程でATP 2モルが失われ、別に4モルのATPが生成する。またNADHが2モル生成し、このNADHはミトコンドリア内の電子伝達系（酸化的リン酸化）で酸化され、ATPを生成する。

② ペントースリン酸回路

グルコースの代謝には、エネルギー生成のための主経路である解糖系とは別に、DNA（デオキシリボ核酸）、RNA（リボ核酸）、各種のヌクレオチド（ADP、ATP、NAD、NADP、CoA、FDA〈酸化型フラビンアデニンジヌクレオチド〉、GTP〈グアノシントリリン酸〉など）の合成に必要なペントース（五炭糖）を供給するため、あるいは脂質合成に必要な$NADPH+H^+$を供給するためのペントースリン酸回路がある。

本回路は図表8―4のように、リン酸化されたグルコースが酸化され、6―ホスホグルコン酸となり脱炭酸され、ペントース5―リン酸、さらにリボース5―リン酸を生成する。このリボース5―リン酸がDNA、RNA、各種のヌグレオチドなどに利用される。$NADPH+H^+$はグルコース6―リン酸が酸化され、6―ホスホグルコン酸が脱炭酸される過程で生成する。本回路では一部のリボース5―リン酸が系外で利用されるのを除き、ペントース5―リン酸は、最終的にトリオースリン酸となり解糖系で処理される。本回路でグルコース1モル当たり2モルの$NADPH+H^+$が生成する。

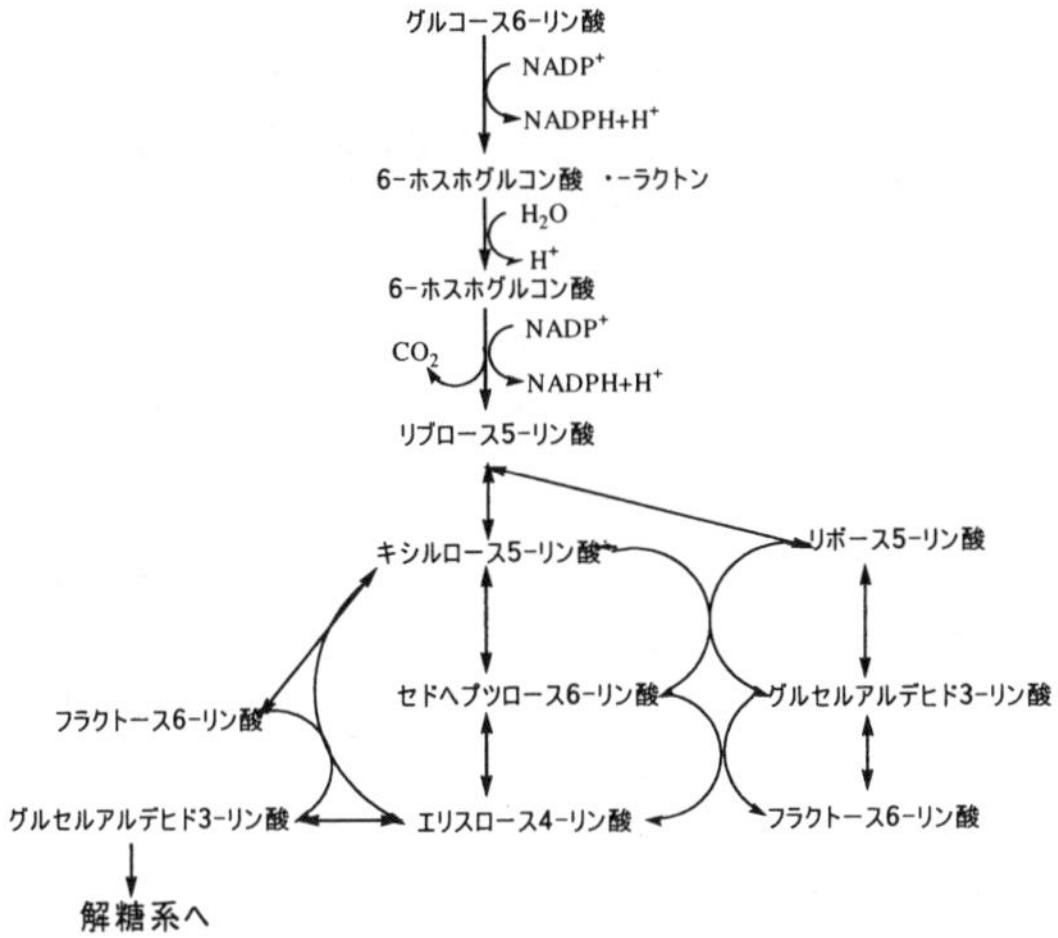

図表8－4　ペントースリン酸回路 - グルコースから
ペントースとNADPHの生成

(3) 細胞ミトコンドリア内での代謝

① TCAサイクル（クレブス回路）

解糖系やペントースリン酸回路で生成したピルビン酸は、ピルビン酸デヒドロゲナーゼにより酸化的脱炭酸を受けてアセチルCoAと$NADH+H^+$を生成する。アセチルCoAはミトコンドリア内のTCAサイクルに取り込まれて異化され、最終的に二酸化炭素となり、生体外に放出される。TCAサイクルは図表8－5のようにアセチルCoAがオキザロ酢酸に結合してクエン酸となり、脱炭酸と酸化を行いながらオキザロ酢酸に戻る。TCAサイクルを1周することでアセチルCoA 1モルから2モルの二酸化炭素と3モルの$NADH+H^+$、1モルの$FDAH_2$、1モルのGTPが生成することになる。この$FDAH_2$（還元型フラビンアデニンジヌクレオチド）と$NADH+H^+$は

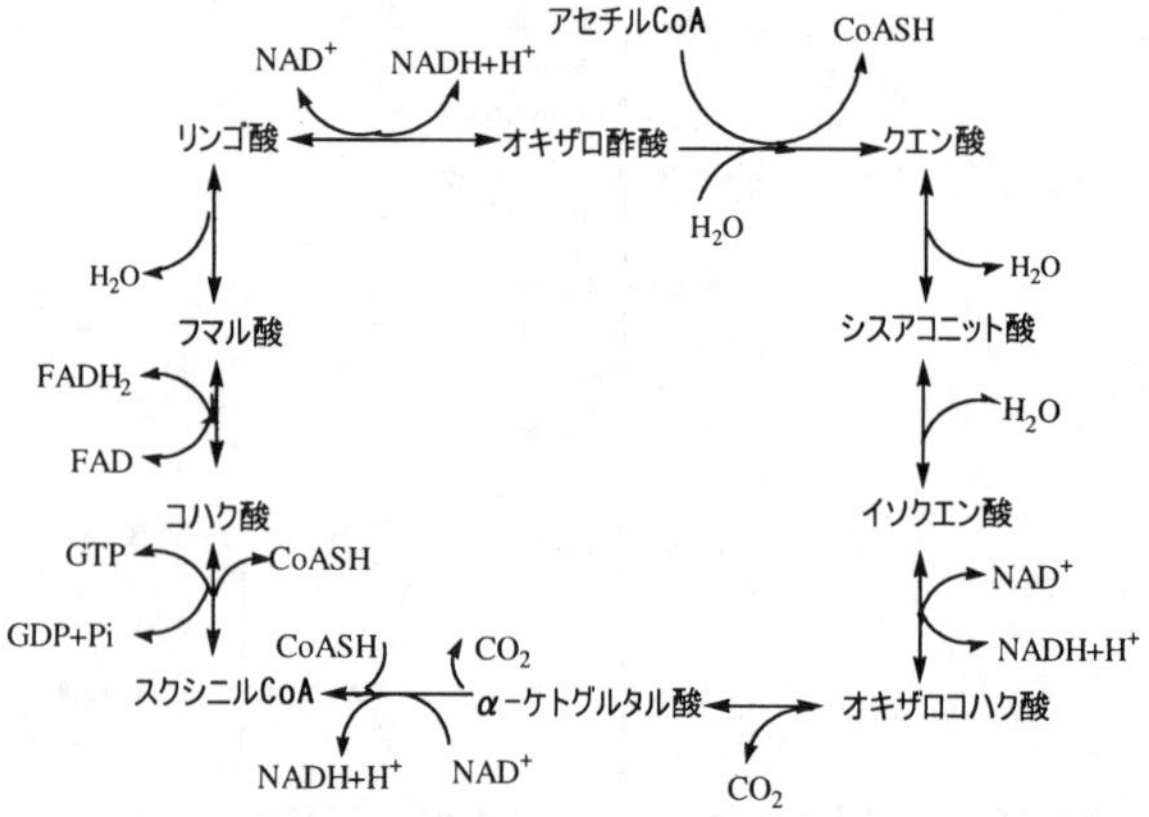

図表8－5　TCAサイクル

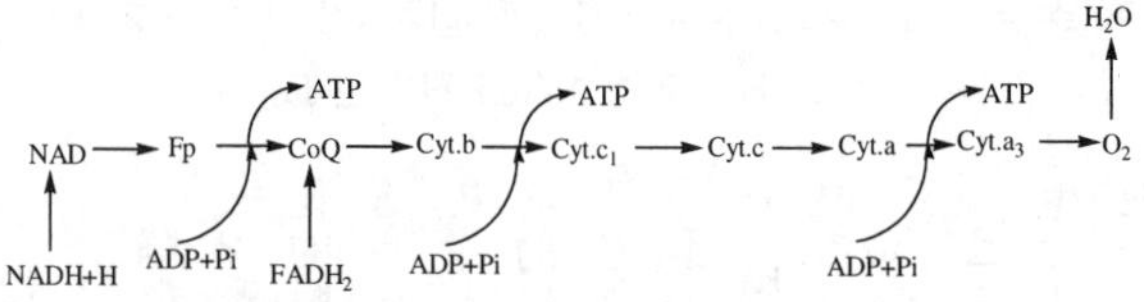

Fp；フラビン蛋白質，CoQ；補酵素（コエンザイム）Q，Cyt.；チトクロム

図表8－6　電子伝達系 - 酸化的リン酸化

電子伝達系で酸化され、9モルのATPを生成する。

② 電子伝達系―酸化的リン酸化

解糖系やTCAサイクルで生成したNADH+H⁺やFDAH₂は、ミトコンドリア内の電子伝達系で酸化的リン酸化を受け、ADPからATPを生成する。酸化的リン酸化は、酸化還元電位を利用し、NADH+H⁺やFDAH₂が解離して放出した水素イオンを低い還元電位より高い電位に受け渡し、酸化することによりADPを高リン酸化してATPを生成する経路である。

電子伝達系では図表8―6のようにNADH+H⁺の水素イオンをフ

ラビンたん白質（Fp）に渡し、フラビンたん白質から補酵素（Co）Qに移動する間に酸化してADPからATPを産生する。ついで、補酵素Qに送られてきた$FADH_2$の水素イオンと別の水素イオンをチトクロムbからチトクロムc_1に順次、渡し、チトクロムc_2にいたる間にATPを生成する。さらに水素イオンがチトクロムc、チトクロムa、チトクロムa_3と移動するうちにATPを生成し、最終的に水素イオンは酸素より酸化されて水となる。

(4) 体内でのエネルギー収支とATPの役割

体内に吸収されたほとんどのグルコースは、血糖となり、細胞に取り込まれて解糖系やペントースリン酸回路、TCAサイクルで異化され、最終的に二酸化炭素や水になり体外に排出される。一方、解糖系やペントースリン酸回路、TCAサイクルで生成した$NADH+H^+$や$FADH_2$は、電子伝達系で酸化されて水となり二酸化炭素と同様、体外に排出される。その間に高エネルギー結合をもつATPがグルコース1モルから30、または32モルを生成する。ATP1モルがADPに分解されたときに放出する自由エネルギーは、30.4kj/mol（7.26kcal/mol）であるので、ATP30モルでは912kj/mol（217.97kcal/mol）となり、グルコース1モルから912kj（217.97kcal）のエネルギーが得られることになる。一方、グルコース1モルが完全に燃焼すると、その燃焼値は2820kj/mol（674kcal/mol）であるので、グルコースからエネルギーの約32・3％が体内の代謝系でATPとして回収されたことになる。

ATPの生体内での役割についての詳細な説明は、別の成書にゆずることにして、簡単にATP

の役割をまとめると次のようになる。すなわち、糖から生成したATPは、自身のもつ高エネルギー結合を分解して放出するエネルギーを、

・活動エネルギー
・栄養素の消化・吸収
・消化酵素等の酵素の合成
・一部のアミノ酸やホルモン、脂肪の合成
・生体を構成するたん白質の合成
・骨の形成
・DNAや各種のRNAの合成

などに供給したり、さらに筋肉の活動にも供給したりするなど、多くの役割を担っている。

3 砂糖摂取と健康への影響

(1) 砂糖と糖尿病との関係

① 糖尿病とは

砂糖摂取と糖尿病の関係をみるとき、糖尿病の患者数は急速に増加しているが、反対に砂糖や炭水化物の摂取量は年々減少している状況にあることから、糖尿病と砂糖の関係についてもう一度考えてみる必要があろう。

糖尿病には、Ⅰ型糖尿病とⅡ型糖尿病の2つがある。Ⅰ型糖尿病は糖尿病全体の5%くらいを占める。すい臓のランゲルハンス島にあるβ細胞が障害または死滅してインスリンを分泌できないことが主因で、主に自己免疫系が異物とみなしたβ細胞を死滅させることにより発病する疾病で、若

年者に多くみられる糖尿病である。

一方、Ⅱ型糖尿病はインスリンの分泌が正常または若干の減少、あるいはインスリンの受容体が機能しにくくなっていることが原因で、インスリン非依存性の糖尿病ともいわれ、糖尿病患者のほとんどを占めている。インスリンは、細胞内のインスリン受容体に働きかけ、グルコース輸送体のGLUT－4を含有する小胞を細胞膜に融合させ、細胞膜上にグルコース輸送体を発現し、グルコースを細胞内に取り込ませる働きがある。ところが、肥満やストレスの状態が続くとインスリン受容体が減少し、かつ、働きが悪くなり細胞膜上のグルコース輸送体が減り、細胞内へのグルコースの取り込みが減少、細胞外のグルコース、血糖値を高めることになる。通常、血液を腎臓の糸球体でろ過すると、グルコースは透過するので尿細管で再吸収することになるが、血糖値が高いと再吸収されずに尿中にあふれ出る。これが糖尿病である。

② 糖尿病とグルコースとの関係

正常な人の血糖値は、110mg/100mℓ血漿以下であるが、これが300mg/100mℓ以上になると、グルコースが尿に出てくる。糖尿病患者では、細胞内のグルコースは非常に少なく、細胞外などに多くあり、平均では100mg/100mℓくらいのグルコースが体内に存在しているが、健常者と比較しても、かならずしも体内のグルコース量は多くはない。

一方、血中グルコースはたん白質と結合してアマドリ化合物を作り、さらに変化してAGE（糖化最終産物）となる。このAGEは、ほかのたん白質と架橋を作り、機能に障害をもたらす原因を引き起こす。すなわち、高血糖が続くと細胞膜に障害が起こり、インスリン受容体が出現しにくくなるのである。

糖尿病に関する最大の誤解は、糖尿病患者の体内にはグルコースがあふれるほど多く存在していると思っていること、スクロースは小腸で吸収されるときにグルコースとフラクトースに分解されてから吸収されることを忘れ、スクロース自体が体内に存在していると思っていることである。糖尿病は摂取カロリー量が過剰の場合にも引き起こされるが、運動不足やストレスによる血糖の異常などでも引き起こされ、砂糖、甘いもの摂取が最大の原因というわけではない。

(2) 砂糖と虫歯の関係

① 虫歯とは

虫歯（う蝕）とは歯面上の微生物が発酵性の糖を分解して有機酸を生成し、それにより歯の硬組織の主成分であるハイドロキシアパタイトが溶解（脱灰）し、結晶構造が失われていくことである。初期のう蝕では、エナメル質の光沢が失われ、表面に欠損が生ずる。う蝕がさらに進むと、エナメル質の下部にある象牙質が変質し、褐色の軟化象牙質となる。象牙質の下には知覚神経が存在する歯髄があるので、微生物感染により疼痛を生ずる場合もある。

口腔内の数百種の常在菌は、唾液に1㎖当たり10^8、歯垢1㎎当たり10^8が生息するが、これらの常在菌は歯面上に繁殖して dental plaque（歯垢）を形成する。

現在までに明らかとなった虫歯発生のメカニズムでは、最初、エナメル質の表面に唾液の糖たん白が吸着して、厚さ約1㎛の獲得薄膜を形成し、この膜にレンサ球菌群をはじめとする多くの細菌が増殖し始め、3～5日で成熟歯垢を形成する。歯垢中の細菌は糖が供給されると短時間のうちに酸を生成し、歯垢のpHを低下させる。pH5・5以下になると、エナメル質からカルシウムイオンやリン酸イオンが溶出し始め、pHが中性に戻るとカルシウムイオンやリン酸イオンは再びエナメル質に沈着する。しかし、pHが長時間にわたって低いままであると、エナメル質は不可逆的な欠損を生じる。口腔内の常在菌により資化され、酸生成を起こしやすい糖としては、スクロース、ブドウ糖、果糖、乳糖などがあげられるが、動物実験によると、mutans streptococciとスクロースが圧倒的にう蝕誘発能が強いことが明らかとなっている。このことは、*Streptococcus mutans*のようなmutans streptococciは、スクロースから水不溶性グルカンを形成して歯面に付着する能力が強く、さらに低pH環境下での持続的な酸産生能が強いためと考えられる。*Streptococcus mutans*のようなmutans streptococciは、「虫歯菌」とよばれ、多数の研究報告がある。

② 虫歯を誘発する原因

1940年代のスウェーデンでの調査では、スクロースの摂取を同量にした場合、食事中の摂取よりも間食での摂取、とくに歯に粘り着くような食品での摂取がもっともう蝕誘発能が高いことが明らかとなった。このことは、食間に持続的に発酵性の糖が口腔内に存在することにより、常在菌による酸の生成などが起き、歯垢のpHが絶えず低い状態にあることによるものと考えられている。

歯には、う蝕されやすい歯とされにくい歯がある。永久歯のなかでう蝕になりやすいものは下顎の第一大臼歯であり、15～19歳では77・9％、ついで上顎第1大臼歯の66・0%である。さらに、萌出直後の歯がもっともう蝕になりやすく、第1大臼歯のう蝕の新生率のピークは萌出開始後12～15カ月以前にあるといわれている。

歯の部位でも歯垢が停滞しやすいところと、そうでないところがある。臼歯（奥歯）の咬合面（歯と歯が当たる面）の溝、歯と歯の間、歯ぐきの上の部分は歯垢の停滞部位でありう蝕の好発部位である。

第9章 砂糖に関するFAQ

1 砂糖の賞味期限

Q 砂糖には賞味期限が記載されていませんが、なぜですか？ どの程度保存できますか？

A 砂糖は法令上、期限表示を省略できるものとされています。

現在、わが国では、食品表示法において、加工食品には賞味期限または消費期限を表示することが義務づけられています。しかし、第7章でも述べた通り、砂糖については同法において表示が省略できるとされています。

砂糖、とくに精製糖については、高度に精製することで不純物の含有量がきわめて少ないため、品質は安定しておりますので、ほとんどの製品について期限表示はしておりません。

ただし、何らかの事故が発生した場合の安全管理対策として、製造ラインや製造工場の遡及ができるよう、おのおのの製品には製造所または記号などによる印字がなされています（ロット記号）。

「ではどのくらい保存できるのか？」という質問を多く受けます。一般論をいえば、見た目、臭い、感触などに変わったところがなければ、特段問題はないと考えられます。

しかしながら、現物がどのような状態かを見てみないと確実なことはいえないので、最終的には自己判断はせずに、メーカーに問い合わせることをお勧めします。

2 砂糖の保存方法

Q 家庭で砂糖はどのように保存すれば良いでしょうか？

A 前述した通り、砂糖は品質がきわめて安定した食品ですので、よほどの劣悪な環境で保存しないかぎり、品質に問題が発生する可能性は低いと考えられますが、使い勝手の良い状態を保つためには、湿度の変化の激しい場所、臭いの強いものの近くは避けて下さい。

家庭でよく使われる上白糖は、平均で0・8％程度の水分を含んでおり、結晶の外側が蜜（水と砂糖分の混合物）の膜で覆われています。そして、外気の湿度が高ければ膜はその湿度を吸収し、低ければ膜中の水分を放出します。そして、膜中の水分が多く放出されると、溶け込んでいた砂糖分が細かい結晶となって析出し、これが砂糖の結晶と結晶のすき間で接着剤となって、カチカチに固まってしまう原因となります。

また、砂糖には臭いを吸着しやすい性質がありますので、香料の強い化粧品や薬品、漬物や干物などの臭いの強い食品の近くに保存すると移り香がつくことがあります。

そして、これらの現象は、砂糖の入っているポリ袋に通気性があるため、封を切っていなくても起こり得ます。ですから、砂糖を保存する際は、封を切った場合はもちろんですが、使用前のものであっても、ふたがきちんと閉まる容器に入れることをお勧めします。

もし砂糖が固まってしまったら、水分を与えれば元に戻ります。もっとも簡単なのは食パンを使う方法です。砂糖の容器に食パンを入れて密封し、一昼夜置くと、パンの水分が砂糖に移り、元に戻ります。あるいは、固まった砂糖をビニール袋に入れて、霧吹きで数回水を吹いて密封してしばらく置いても戻ります。

3 保存していた砂糖の変色

Q 砂糖を長い間保存しておいたら、黄色がかってきました。食べても大丈夫ですか?

A 砂糖にはごく微量ではありますが、原料である甘蔗やてん菜に含まれていたアミノ酸が残っています。このアミノ酸と糖が反応すると黄味がかることがあるのです。

醤油や味噌の色やパンの焼き色も、同じ原理でつくものです。したがって、この反応で色がついたものについては、食べても害はなく、味が落ちることもありません。

ただし、外部から液体などが混入して色がつくなど、これとは異なる原因も考えられますので、色がついたことがすべてこの反応によるものであると性急に決めつけることは危険です。念のため、メーカーに問い合わせて状況を説明し、判断を仰いでください。中まで色が広がっていたり、異臭がしたりする場合はとくに注意が必要です。

4 砂糖の適正摂取量

Q 砂糖は1日あたり何g程度まで摂ってよいのでしょうか? 日本人は砂糖を摂り過ぎてはいませんか?

A 結論からいえば、砂糖の適正摂取量を定めることはできず、また意味がありません。

砂糖は食品分類上糖質（炭水化物）に属する食品です。その他の糖質食品にはご飯、パン、うどん、そば、いも類などがありますが、これらの主成分であるでん粉も砂糖も、分解の遅い早いはあるものの、体内では同じ代謝経路をたどり、最終的にはブドウ糖に分解されて吸収されますので、砂糖ゆえにほかの糖質食品と違いがあるわけではありません。したがって、摂取量は糖質食品全体で考えるべきであり、個々の食品について定める意味はありません。つまり、この質問は、いい換えれば「ご飯は1日何杯まで食べていいですか？」、「パンは1日何枚まで食べていいですか？」と質問しているのと同じことです。

厚生労働省が発表している「日本人の食事摂取基準（2015年版）」によれば、1日に必要なカロリーのうち、糖質からの摂取目標は全体の50％から65％とされていますが、個々の食品、あるいは糖類についての言及はありません。また、必要なカロリー量も個人の生活強度（仕事の内容や運動習慣など）により異なりますので、定量化することはできません。

まずは三度の食事を基本として、栄養的にも総カロリーの収支の上でも、バランスのよい食生活を心がけ、その範囲のなかで甘いものを楽しむことが大切です。また、むやみに食事を制限することは、必要な栄養素をきちんと摂れなくなるおそれがあります。摂取だけでなく、こまめに体を動かすなど消費の面にも併せて気を配るべきです。

なお、日本人の1人当たりの砂糖消費量は、年間17・1kg（国際砂糖年鑑・2014年）で、世界145カ国および地域中102番目で、先進国ではもっとも少なくなっており、世界平均の23・3kgからも大きく下回っています。

5 白砂糖と三温糖の違い

Q 白い砂糖より三温糖の方が、ミネラル分が多くて体によいと聞きましたが、本当ですか？

A 白い砂糖と三温糖の間で、どちらが健康によい・悪いということはありません。

第一に、白い砂糖も三温糖も同じ精製糖であり、製造方法は同じです（第2章参照のこと）。「三温糖を白くした（場合によっては漂白した）ものが白い砂糖である」という方がいますが、これは大きな誤解です。第2章で述べた通り、三温糖は白い砂糖を取り出した残りの糖液からつくるために、加熱が続くことで糖が分解して茶色い色がつくのです。したがって、順番はまさに逆です。「色がついているから自然に近い」というのは誤りです。

次にミネラル分についてですが、成分表をみれば、ミネラル分にあたる灰分の含有量は上白糖やグラニュー糖などの白砂糖はほとんどゼロですから、数値的には三温糖の方が多いことは事実です。これは、三温糖が最終段階の糖液からつくるために、微量に残る灰分が結晶に含まれてしまうためです。

とすると、「白い砂糖にはミネラル分がほとんどないのだから、やはり三温糖の方が健康によいのでは？」と考えるかもしれませんが、そうではありません。

図表9―1で三温糖の灰分含有量を見ると、全成分中の0・15％です。とすると、大さじ1杯（約

図表9－1　各砂糖の平均成分値

名称	ショ糖	還元糖	灰分	水分	色調
グラニュー糖	99.97	0.01	0.00	0.01	白色
上白糖	97.69	1.20	0.01	0.68	白色
三温糖	96.43	1.66	0.15	1.09	褐色

資料：精糖工業会による

9g）中の三温糖の灰分量はわずか0・01gあまりです。しかも、これを調理に使えば、1人当たりの摂取量はさらに少なくなります。一方、牛乳1本（200㎖）のカルシウム含有量は約200㎎＝約0・2gです。つまり、三温糖に含まれる灰分は健康によい云々のレベルではないということです。それより、野菜や果物、海草や乳製品など、ミネラルやカルシウムを豊富に含む食品を日々の食事に取り入れて摂取する方が、ずっと効率的なのです。

6　砂糖の価格

Q　よくスーパーで砂糖の特売を行っていますが、定価の製品と違いはありますか？また、砂糖の値段はどのように決まるのですか？

A　砂糖メーカーは、その製品販売については商社（代理店）に委託するのが通例です。代理店は、まず特約店とよばれる一次問屋に卸し、一次問屋は二次問屋に卸します。一般の加工業者は、一次問屋もしくは二次問屋から購入します。小売店は二次問屋から仕入れて販売します（図表9－2）。これが昔からの流通形態です。

ただ、最近はスーパー・量販店や大口ユーザー（菓子・飲料メーカーなど）へは代理店から直接販売されるケースもあります。

砂糖の価格は、メーカーから代理店を通じて特約店へわたる際の価格（工場出値）、特約店から二次問屋への元卸価格、二次問屋から小売店への卸売価格、小売価格と流れていき、各段階を進むごとに運賃やマージンが加算されます。

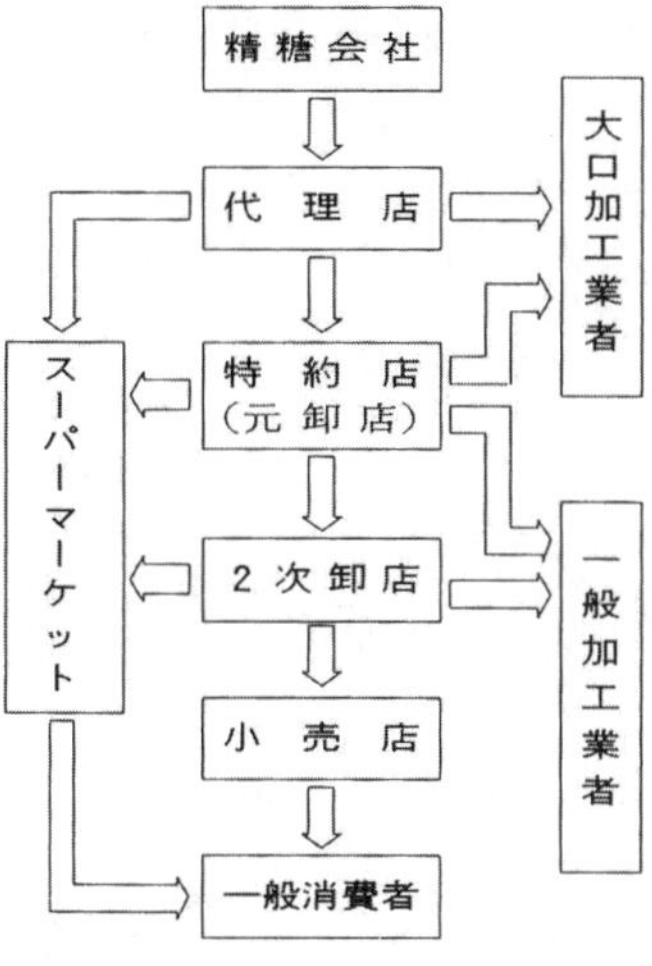

図表9－2　砂糖の流通経路

なお、スーパーなどで特売商品として販売される砂糖については、販売店の戦略として行われているものです。製品自体に定価商品との違いはありません。また、「上白糖より純度の低い三温糖の値段が高いのはなぜですか？」との質問もよく受けますが、これは、1つは、上白糖よりも後にできることによるコストの関係、もう1つは商品の回転率の違いによるものです。上白糖やグラニュー糖の出荷量は三温糖よりもずっと多いため、大量生産ができることにより結果として安くなるのです。

7 砂糖の包装について

Q　砂糖が入っているポリ袋には小さな穴が空いていると聞きましたが、なぜですか？

図表９－３　砂糖の標準的な包装・輸送単位

種　別	主たる包装単位	包装資材	備　考
家庭用小袋	1kg、750 g、500 g	ポリエチレン	
豆袋（スティックシュガー等）	2～8 g	ポリエチレンラミネートセロファン	
業務用大袋	20kg、30kg	クラフト紙	
業務用フレキシブルコンテナ	400kg ～ 1t	ポリエチレン・ポリプロピレン	
業務用バルク車	10t	—	工場ライン直納
業務用ローリー車	10t ～ 13t	—	液糖輸送用、工場ライン直納

A　スーパーなどで販売されている砂糖の小袋は、自動包装機で連続的に注入し、熱で密封されますが、このとき、どうしても袋に空気が入ってしまいます。しかし、空気が入ったままですと、保管時や輸送時に不便であるばかりか、重ねた場合に袋が破れる危険性があります。そこで、空気を追い出すための穴を袋に空けていました。ただ、この穴はごく微細なものですので、穴自体から異物が入る心配はありません。

しかし、最近では、袋の先端に迷路のような空気の逃げ道を作った特殊なシールによる新しい包装に切り替わっており、昨今の消費者の安心・安全に対する関心の高まりに対応しています。

なお、砂糖の包装形態には、消費者向けの豆袋（スティックシュガーなどの個包装）、1kgなどの小袋包装から、業務用としての20kg、30kgのクラフト紙包装、大口ユーザー向けには100kg～1t単位のコンテナなどがあり、さらにはバルク車、ローリー車などの専用車で直接工場に納入する形態もあります（図表9―3）。

8 砂糖の種類による使い分け

Q 砂糖にはいろいろな種類がありますが、どのように使い分けたらよいですか？

A 精製糖については、成分に大きな違いはありませんので、「○○にはこの砂糖でなければならない」ということはありません。あくまでも「向き・不向き」という観点で、以下のように使い分けるのがよいでしょう。

まず、グラニュー糖や白ざら糖は、成分として砂糖分（蔗糖）がほぼ100％に近いきわめて純度の高い製品で、結晶も無色透明で匂いもほとんどありません。このような砂糖は、素材の色・香り・風味を損なうことなく甘味をつけられるのが特徴ですので、フルーツを使ったお菓子など、繊細な素材に向きます。コーヒーなどに入れるスティックシュガーにグラニュー糖が使われているのも、素材の風味を損ねない使い方の身近な例です。

一方、三温糖などの色のついた砂糖は、砂糖分の一部が分解したカラメルの香りや風味があり、甘味も深く、強くなります。これらの砂糖は、かりんとうなど、その風味や香り自体を料理に生かしたい場合や、佃煮など甘味にコクを出したい場合、また、豚の角煮など食材のクセや個性を抑えたい場合に向きます。

なお、家庭でもっとも一般的な上白糖は、これらの分類の中間に位置する、どちらにも対応できる製品といえます。

9 顆粒状糖について

Q 顆粒状糖は、普通のものより軽い気がするのですが、どこか違いがあるのですか？

A 顆粒状糖は、多孔質（多数の微細な穴が空いている）にすることにより、水に早く溶けるようにつくられています。ですから、ヨーグルトや飲み物や果物にふりかけるのに適しており、空気を含んでいることからホイップクリームやメレンゲに使うのにもよいとされています。

ただし、気をつけることは、同じかさでも、空気を含んでいるために重さは軽くなります。ですから、「大さじ○杯」というレシピの料理をつくる場合は甘さが足りなくなりますので、同じ甘さにする場合は1・5倍程度の容量を入れて下さい。

10 砂糖の結晶の大きさ

Q 砂糖には結晶の大きなものと小さなものがありますが、どのようにつくっているのでしょうか？

A 第2章でも述べたように、砂糖の結晶は糖液を真空結晶管に入れ、過飽和状態になったものに粉砂糖のような種（たね）を入れると、それを核にしてできるものです。

結晶の大きさは、結晶管に加える種の数によって違ってきます。つまり、同一量の糖液について、入れる種が少なければ結晶は大きくなり、多ければ少なくなります。また、さらに結晶を大きくしたい場合は、種の大きさを大きくしてやります。

11 原料糖とは？

Q 砂糖の原材料表示に「原料糖」と書かれていましたが、原料糖とは何ですか？ 砂糖の原料は甘蔗（さとうきび）ではないのですか？

A 原料糖とは、甘蔗の汁を搾り、一部不純物を除去して結晶化したものです。精製糖工場では、これを再溶解して精製し、製品にしています。

では、なぜ原料糖をつくるのでしょうか？

一つは、甘蔗のかさです。甘蔗を原料として生産地から海外などの遠方に輸送する場合、3m以上に成長した甘蔗を輸送するのは非効率です。そして、もう一つの大きな理由は甘蔗の鮮度の問題です。甘蔗は、栽培したときから砂糖分が分解して減少していきます。とくに海外から輸入する場合は、日本に到着するまで一定の時間がかかりますから、栽培地で結晶化することで、できるだけ早く砂糖分を確保する必要があるのです。

甘蔗を原料とした砂糖製品の原材料をどう表示するか、すなわち「甘蔗」にするか「原料糖」にするかについては、意見の分かれるところですが、最終的には、精製糖工場が仕入れる原材料である「原料糖」と表示することになりました。

なお、原料糖は、ある程度取り除いてはいるものの、まだ不純物が残っていますので、そのまま食用とするには不向きです。

一方、てん菜については、栽培地の近くに製糖工場があるのが通常ですので（日本では北海道）、てん菜糖には原則として原料糖という過程はなく、原料から一貫生産で製品までつくります。したがって、てん菜糖には原材料として「てん菜」と表示されています。また、角砂糖や粉砂糖などの二次製品は、原料となる砂糖（グラニュー糖など）を表示しています。

12 薬品としての砂糖

Q　砂糖が薬の原料として使われていると聞きましたが、本当ですか？

A　砂糖の薬品への使用の身近な例では、薬剤を包む「糖衣」がありますが、薬品そのものへの使用でもっとも一般的なのは、床ずれの治療に使われる「シュガー軟膏」です。

もともと、砂糖は民間療法として傷口の手当に使われていたようですが、医療関係者に注目され始めたのは1980年代です。わが国でも1980年代半ばに、ポピドン・ヨード液（イソジン）と砂糖を混ぜてつくった軟膏が、床ずれの治療に有効であることがいくつかの大学病院での臨床テストで明らかになり、今では皮膚科や整形外科などで一般的に使われています。これは、ヨード液の消毒作用に加えて、砂糖の吸水性により患部の水分が吸い取られ、菌が生存しにくい環境をつくることとの相乗効果とされています。

なお、砂糖を薬品として使用する場合は、日本薬局方に基づく規格に合致している必要があります。

13 砂糖は自然食品か？

Q　真っ白な砂糖は、黒砂糖と比べると人工的なイメージがあるのですが……。

A　第2章でも述べた通り、砂糖は、甘蔗やてん菜が、葉の表面（葉緑素）で光合成によってつくりだし、茎や根に蓄えているものです。ですから、「砂糖をつくる」ことは、その蓄えられているものを取り出すことであり、「精製する」ことは、その蓄えられた砂糖をできるかぎり純粋なものにすることなのです。不純物を取り除く工程はありますが、化学反応で物性を変化させるといったことはありません。したがって、できた製品は、甘蔗やてん菜がつくりだした自然の純粋な甘味料であるということができます。

参考文献

〔第1、7、9章〕
「砂糖統計年鑑」精糖工業会館
「ポケット砂糖統計」精糖工業会館
「砂糖ミニガイド」精糖工業会
「砂糖」精糖工業会
川北 稔「砂糖の世界史」岩波書店（1996年）
明坂英二「シュガーロード～砂糖が出島にやってきた」長崎新聞社（2002年）
平沢正夫「砂糖」平凡社（1980年）
共著「砂糖の科学」朝倉書店（2006年）
「CHANTIER D.HISTOIRE VIVANTE」ベルギー教育省（1973年）
月刊「砂糖類情報」（独）農畜産業振興機構
「砂糖の知識」砂糖を科学する会（2015年）

〔第2、3、6、8章〕
橋本 仁、高田明和編「シリーズ〈食品の科学〉砂糖の科学」朝倉書店（2006年）
星川清親「〈料理・菓子の材料図説3〉糖・油・粉」柴田書店（1977年）
石井龍一他「作物学各論」朝倉書店（1999年）

日高秀昌、岸原士郎、斎藤祥治編「砂糖の事典」東京堂出版（２００９年）
Chen J.C.P and Chou C.C「Cane Sugar Handbook 12 th.」John Wiley & Sons（1933）
浜口栄次郎、桜井芳人「シュガーハンドブック」朝倉書店（１９６４年）
Chung C.C「Handbook of Sugar Refining」John Wiley & Sons（2000）
糖業協会編「現代糖業技術史〈精製糖編〉」丸善プラネット（２００６年）
糖業協会編「現代糖業技術史〈ビート糖編〉」丸善プラネット（２００６年）
Honig P.「Principles of Sugar Technology」Elsevier Publishing.,（1966）
McGinnis R.A「Beet-Sugar Technology」Reinhold Publishing.,（1951）
精糖工業会技術研究所「原料糖の品質調査報告２００８年」精糖工業会（２００９年）
精糖技術研究会編「精糖便覧 増補改訂版」朝倉書店（１９６２年）
International Commission for Uniformmethods of Sugar Analysis「ICUMSA Methods Book」ICUMSA Publication Department（1994）
International Commission for Uniformmethods of Sugar Analysis「ICUMSA Methods Book（1194）with First Supplement」ICUMSA Publication Department（1998）
International Commission for Uniformmethods of Sugar Analysis「ICUMSA Methods Book（1194）with Second Supplement」ICUMSA Publication Department（2000）
International Commission for Uniformmethods of Sugar Analysis「ICUMSA Methods Book（1194）with Third Supplement」ICUMSA Publication Department（2003）
斎藤祥治「精糖技術研究会誌 第29号」精糖技術研究会（１９８０年）

最新・ソフトドリンクス編集委員会編「ソフトドリンクス」光琳（２００３年）
後藤良造他編「単糖類の化学」丸善（１９８８年）
紺野邦夫編「生化学 改訂第2版」文光堂（１９７０年）
水野 卓、西沢一俊「図解糖質化学便覧」共立出版（１９７１年）
橋本 仁、高田明和、伊藤 汎編「砂糖百科」糖業協会（２００３年）
新家 龍、南浦能至、北畑寿美雄、大西正健編「〈食品の成分シリーズ〉糖質の科学」朝倉書店（１９９６年）
「Pancoast H.M and Junk W.R:Handbook of Sugars Second Edition」AVI Publishing Comp.（1980）
Bubnik Z., Kadlec P., Urban D. and Bruhns M.「Sugar Technologists Manual」Bartens（1995）
平山令明編「有機化合物の結晶作製ハンドブック - 原理とノウハウ -」丸善（２００８年）
安倍 晋「精糖技術研究会誌 第6号」精糖技術研究会（１９５７年）
並木満夫、松下雪郎編「食品成分の相互作用」講談社サイエンティフィク（１９８０年）
桜井芳人、満田久満、柴崎一雄編「食品保蔵」朝倉書店（１９６６年）
島田淳子、下村道子編「〈調理学講座〉調理とおいしさの科学」朝倉書店（１９９３年）
不破英次、小巻利章、檜作 進、貝沼圭二編「澱粉科学の事典」朝倉書店（２００３年）
精糖工業会技術委員会技術管理部会編「甘味料の総覧」精糖工業会（１９９０年）
並木満夫、青木博夫訳「〈食物科学選書〉新しい甘味物質の科学」医歯薬出版（１９７７年）
日本化学会編「季刊化学総説（No.40）味とにおいの分子認識」学会出版センター（１９９０年）
Shallenberger R.S. and Acree T.E「Handbook of Sensory Physiology, Springer-Verlag」Berlin（1971）
Birch G.G. et.. al「Sweetness and Sweeteners」Applied Science Publishers（1971）

精糖工業会技術研究所「リファイナリー・データ（２００９・４〜９）」精糖工業会（２００９年）
三木 健「応用糖質科学（第41巻3号）」応用糖質学会（１９９４年）
谷口 学「砂糖物語（正、続）」（２０００年）
新村 出編「広辞苑 第三版」岩波書店（１９８５年）
Tokitomo Y, Kobayashi A, Yamanishi T and Muraki S「Proc. Jap. Acad Vol.56B」日本学士院（１９８０年）
Ito H「Agri.Biol.Chem. Vol.40」日本農芸化学会（１９７６年）
Mauch W「Sugar Technol. Rev. Vol.1」Elsevier Publishing Comp.（1971）
科学技術教育協会出版部編「砂糖の科学」科学技術教育協会（１９８４年）
大西正三「食品科学」朝倉書店（１９６９年）
島田淳子他編「調理の基礎と科学」朝倉書店（２００３年）
福場博保他「調理学」朝倉書店（１９７８年）
東京菓子協会、菓子総合技術センター編「お菓子フォーラム 第10号」
長谷 幸他「食品総合研究所研究報告 第38巻」食品総合研究所（１９８１年）
原田篤也、三崎 旭「総合多糖類科学〈上、下〉」講談社サイエンティフィク（１９７４年）
武 恒子他「食と調理学」弘学出版（１９８４年）
田島陽太郎監訳「ロスコスキー 生化学」西村書店（１９９９年）
小幡邦彦、外山敬介、高田明和、熊田 衛「新生理学 第3版」文光堂（１９９４年）
吉川春寿監修「栄養学」朝倉書店（１９７３年）
石井 節「明解栄養学事典」医歯薬出版（１９７３年）

古賀良彦、高田明和編「脳と栄養ハンドブック」サイエンスフォーラム（２００８年）
樫村　淳、足立　堯、木下麻紀、他「日本食品新素材研究会誌 第12巻2号」菓子・食品新素材技術センター（２００９年）
細谷憲政編「糖質のエネルギー・その測定と評価-」糖質代謝研究会（１９８８年）
科学技術庁資源調査会報告書第１２４号「日本食品標準成分表の改訂に関する調査報告-五訂日本食品標準成分表-」科学技術庁資源調査会（２０００年）
厚生労働省〈日本人の食事摂取基準〉策定検討会報告書「２０１０年版 日本人の食事摂取基準」第一出版（２００９年）
細谷憲政「人間栄養とレギュラトリーサイエンス 食物栄養学から人間栄養学への転換を求めて」第一出版（２０１０年）
文部科学省科学技術・学術審議会資源調査分科会「日本食品標準成分表２０１５年版（七訂）炭水化物成分表編」（２０１５年12月）
青木香保里、浅井祐子、荒井真一、他 "Bulletin of Aichi Univi. of Edication" 61,P75～84 (2012)
厚生労働省　日本人の食事摂取基準（２０１５年版）策定検討会「日本人の食事摂取基準（２０１５年版）」（２０１４年３月）
E.E.conn,P.K.Stumpf,G.Bruening,R.H.Dol" Outlines of Biochemmistry (Fith Edition)" John Wiley & Sons,Inc., (1987)
斎藤祥治「応用糖質科学　第5巻第4号」日本応用糖質学会（２０１５年）
佐藤昌康、小川　尚編「最新　味覚の科学」朝倉書店（２００３年）

【第４、５章】

「砂糖」精糖工業会（２０１６年）
「砂糖の事典」東京堂出版（２００９年）

「ポケット砂糖統計」精糖工業会館
「砂糖統計年鑑」精糖工業会館
「砂糖類情報 No.96」（2012年2月号）（独）農畜産業振興機構
「砂糖類情報 No.152」（2014年4月号）（独）農畜産業振興機構
「砂糖類情報 No.154」（2014年11月号）（独）農畜産業振興機構

執筆者

元 精糖工業会／理事・技術研究所長、農学博士　斎藤祥治
（第2、3、6、8章執筆）

精糖工業会／理事・事務局長　内田　豊
（第1、7、9章執筆）

精糖工業会／事務局次長・業務調査課長　佐野寿和
（第4、5章執筆）

食品知識ミニブックスシリーズ「**改訂版　砂糖入門**」

定価：本体 1,200 円（税別）

平成 22 年 11 月 30 日　初版発行
平成 28 年 7 月 31 日　改訂版発行

発　行　人：松　本　講　二
発　行　所：**株式会社　日本食糧新聞社**
〒 103-0028　東京都中央区八重洲 1-9-9
編　　　集：〒 101-0051　東京都千代田区神田神保町 2-5
北沢ビル　電話 03-3288-2177
FAX03-5210-7718
販　　　売：〒 105-0003　東京都港区西新橋 2-21-2
第 1 南桜ビル　電話 03-3432-2927
FAX03-3578-9432
印　刷　所：**株式会社　日本出版制作センター**
〒 101-0051　東京都千代田区神田神保町 2-5
北沢ビル　電話 03-3234-6901
FAX03-5210-7718

カバー写真提供：PIXTA
ISBN978-4-88927-255-0　C0200